GONGCHANG DIANQI KONGZHI JISHU JI YINGYONG

工厂电气控制技术及应用

主　编　申玉虹

副主编　张　姣　周启和

西北工業大學出版社

图书在版编目（CIP）数据

工厂电气控制技术及应用/申玉虹主编. —西安：西北工业大学出版社，2015.8
ISBN 978-7-5612-4533-0

Ⅰ.①工… Ⅱ.①申… Ⅲ.①工厂—电气控制 Ⅳ.①TM571.2

中国版本图书馆 CIP 数据核字（2015）第 195072 号

出版发行：西北工业大学出版社
通信地址：西安市友谊西路 127 号　　**邮编**：710072
电　　话：(029)88493844　88491757
网　　址：http://www.nwpup.com
印 刷 者：兴平市博闻印务有限公司
开　　本：787 mm×1 092 mm　1/16
印　　张：12.5
字　　数：301 千字
版　　次：2015 年 9 月第 1 版　2015 年 9 月第 1 次印刷
定　　价：35.00 元

前　言

通过我校在怀化周边和沿海地区对机电技术应用专业的人才市场需求调研，了解到本课程在机电技术专业领域发展中的地位已转变（由专业技能向专业基础技能转变）。为更好地使电动机基本控制线路技术适应市场需求，结合我校的实训条件，根据当前中职学生的认知规律和今后职业生涯发展需求，对我校的《工厂电气控制技术及应用》教材在教学内容上、教学方法上和教材编写模式上进行修订改编，本教材具有下述特点。

(1)突显本课程在机电技术专业中的地位和职能。作为专业基础技能课程，在教学内容上显出其基础性，因此只针对三相异步电动机基本控制线路进行教学，重点培养学生对低压电器在线路中的应用能力；在技能掌握方面显示其实践性，主要培养学生正确的、规范的接线方法和养成安全操作的习惯。

(2)改进本课程的教学模式及教学手段。吸收和借鉴其他示范学校教学改革的成功经验，结合当前中职学生的认知规律和学情状况，采用理论知识与技能一体化的教学模式，同时在教学手段上引进课赛制，在激发学生学习兴趣的同时利用学生好胜心理形成学生相互竞争的学习环境。

(3)完善本课程教材编写模式。在教材编写模式方面，尽可能使用图片、实物照片和图表形式将各个知识点生动地展示出来，力求给学生营造一个直观的认知环境。同时针对每个课题按任务驱动式五步教学法设计，对每一步的完成情况学生进行自检，整个任务完成则由小组和教师进行评价，最后对课题的学习心得和经验进行总结交流，并对资料归档整理，形成教材与训练记录合一的模式。

(4)引进企业工作流程及行业标准。为学生未来职业生涯发展需求设想，本教材引入企业的相关管理制度和行业标准及要求，按照企业的工作流程布置学习任务并按要求实施，使学生在学习技能的同时养成良好的职业习惯，学会团队合作，缩短学生进入社会的适应期。

怀化工业中等专业学校机电技术应用专业项目组

2015 年 3 月

目　录

任务一　三相笼型异步电动机手动正转控制线路安装与运行

学习目标

知识目标	·熟悉电工安全操作规程 ·熟记低压开关、熔断器的功能、基本结构、工作原理、型号含义、图形符号和文字符号 ·简单识读电气原理图、元件布置图、接线图
技能目标	·能正确使用常用电工工具 ·能根据接线图纸正确接线
素养目标	·能根据行业规范正确穿戴劳保用品，执行6S制度要求

情景描述

在生活中家用小型电动机的运行、停止通常使用低压开关拉合闸来实现的，下面我们来学习怎样将电源通过低压开关与电动机连接起来实现电动机的运行、停止。

实施流程

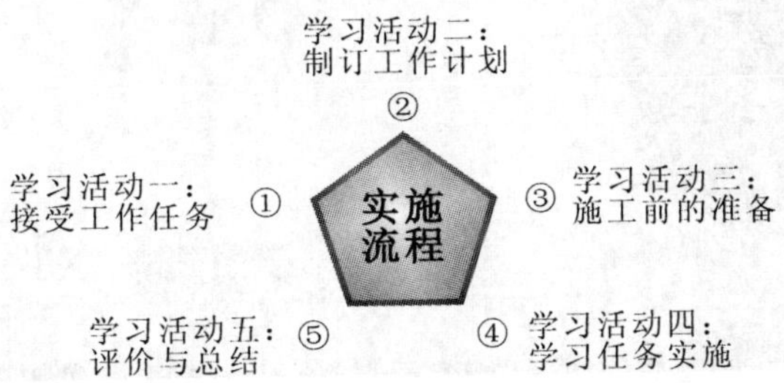

学习活动一　接受工作任务

一、讨论情景描述中电动机的运行过程

(1)通过对图 1－1－1 中家用打米机的电气运行状况的讨论,回答下列问题。

引导问题 1－1－1　描述出图中电动机操作过程:合上________,________转动;________开关,电动机________。

(2)低压断路器直接控制电动机配电板实物图,如图 1－1－2 所示。

图 1－1－1　家用打米机电路控制实物图

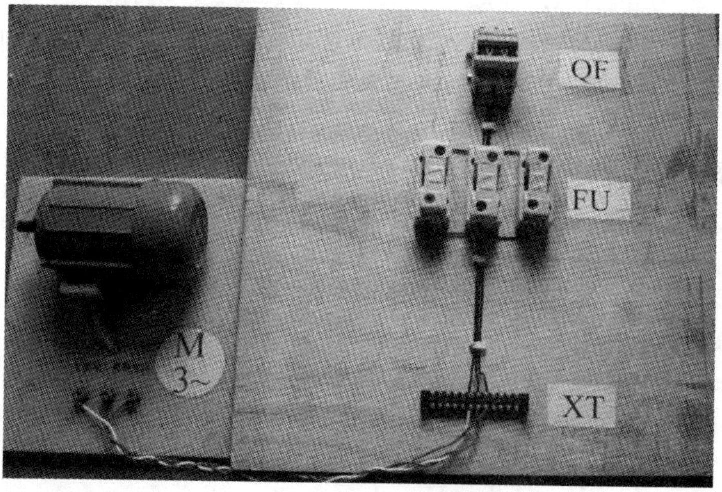

图 1－1－2　手动正转控制实物图

引导问题 1－1－2　观察图 1－1－1 与图 1－1－2 中的连线及元器件有何异同?

二、布置任务

1. 任务单见表 1-1-1。

表 1-1-1　安装工作联系单

流水号：　2011-01-037

类别：水□　电□　暖□　土建□　其他□　　　　日期：2011年1月10日

安装地点	学校数控实训车间		
安装项目	砂轮机的控制线路安装		
需求原因	机床刀具打磨需求		
申报时间	2011年1月10日	完工时间	2011年1月15日
申报单位	学校机械工程系	安装单位	电气工程系
验收意见		安装单位电话	89896666
验收人		承办人	
申报人电话	898955555	承办人电话	
机械工程系负责人	崔××	机械工程系负责人电话	89894444

2. 砂轮机控制线路原理图，如图 1-1-3 所示。

引导问题 1-1-3　图 1-1-3 中低压开关的作用。

引导问题 1-1-4　图 1-1-3 中标号 L1,L2,L3 是指什么？

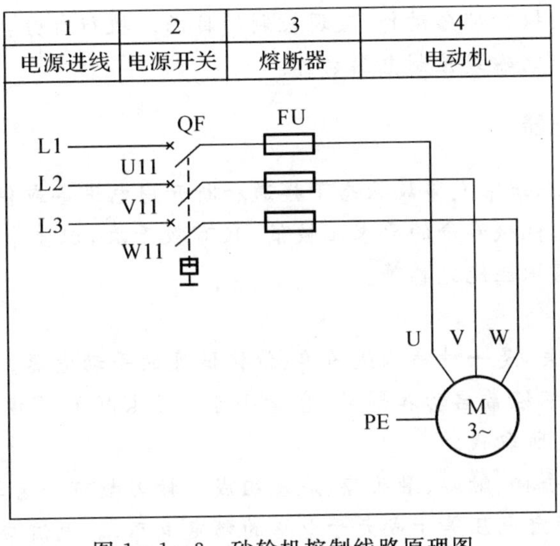

图 1-1-3　砂轮机控制线路原理图

小词典

一、低压电器

低压电器是指工作在交流1200V、直流1500V电压以下的各种电器以及电气设备。低压电器在工业电气控制系统电路中的主要作用是对所控制的电路或电路中其他电器进行通断、保护、控制或调节。

按用途和控制对象不同，分为以下几种。

配电电器：它主要用于低压供电系统中电能的传输或分配，并对电路和用电设备起保护作用(过载、短路、欠压、失压、断相、漏电等)并能通断、转换电源或负载。

控制电器：它主要用于控制用电设备，使其达到预期要求的工作状态。如手动电器有转换开关、电钮开关；自动电器有接触器、继电器、电磁阀；自动保护电器有热继电器、熔断器。

终端电器：它用于线路末端的一种小型化、模数化的组合开关电器，包括智能单元、信号指示、防护外壳等。

执行电器：它用于完成动作或传送功能的电器，如电磁铁，电磁离合器等。

可通信低压电器：它带有计算机接口和通信接口，可与智能网络、计算机网络连接，如智能化断路器、智能化接触器、电动机控制器等。

其他电器：如变频器、可编程序控制器、软启动器、稳压与调压电器等。

按工作原理可分为：

电磁式电器：电磁机构控制电器动作，由感测和执行两部分组成。感测部分(电磁机构)：接受外界输入的信号，使执行部分动作，实现控制的目的。执行部分：触头系统。

非电量控制电器：非电磁式控制电器动作。

二、常用低压配电电器

低压配电电器是指在正常或事故状态下接通和断开用电设备或供电电网所用的电器。配电电器一般不经常操作，机械寿命的要求比较低，只有数千次，但要求分断能力强、动作快、动稳定性和热稳定性高、保护性能完善等。

1. 刀开关(QS)

刀开关俗称闸刀开关，是一种结构最简单、价格低廉的手动电器。它主要用于接通和断开长期工作设备的电源及不经常启动和制动、容量小于7.5 kW的异步电动机。现在大部分场合，刀开关已被自动开关所取代。

刀开关主要由操作手柄、触刀、触头座、底座组成。按刀数可分为单级、双极、三极刀开关。选择刀开关时，应使其额定电压等于或大于电路的额定电压，其电流应等于或大于电路的额定电流。当用于控制电动机时，其额定电流要大于电动机额定电流的3倍。常见刀开关如图1－1－4所示。

(1)刀开关安装时手柄要向上，电源线接在上端，负载线接在下端。严禁倒装或平装。避免由于重力自由下落或开关老化而引起误动作和合闸，造成事故。

(2)刀开关严禁带负载拉合。刀开关电气符号如图1－3－11所示。单投刀开关的型号含义如图 1-1-6 所示。

(a)　　(b)　　(c)

图 1-1-4　常用刀开关

(a)HK2 开启式负荷开关；(b)HR5-400/30 隔离熔断器式刀开关；(c)HS 双投刀开关

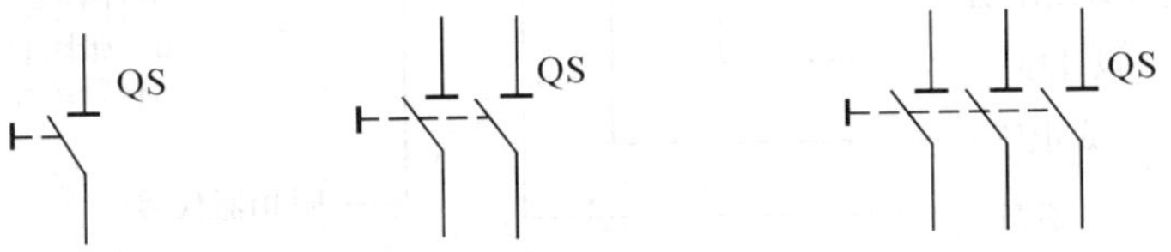

(a)　　(b)　　(c)

图 1-1-5　刀开关的图形、文字符号

(a)单级手动；(b)双极手动；(c)三级手动单投刀开关

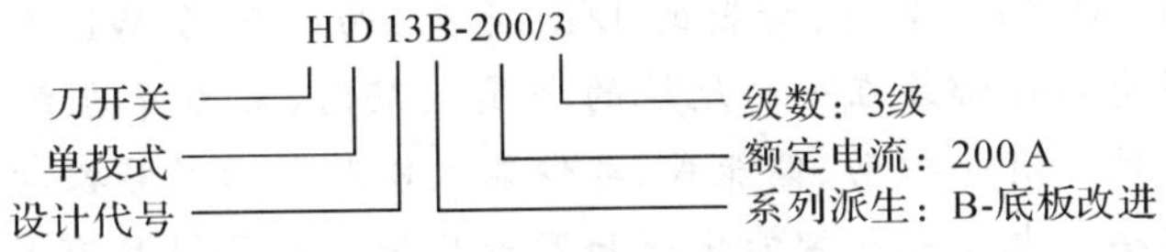

图 1-1-6　单损开关型号含义

设计代号：11—中央手柄式，12—侧方正面杠杆操作机构式

13—中央正面杠杆操作机构式，14—侧面手柄式

2. 低压断路器(QF)

低压断路器又称为空气断路器、空气开关或自动开关，用于交流电压 1 200 V、直流 1 500 V 及以下电压范围的断路器，是低压配电网络和电力拖动系统中重要的开关电器和保护电器，不仅可以接通和分断正常负荷电流和过负荷电流，还可以接通和分断短路电流的开关电器。除了能完成接通和分断电路外，还能对电路或电气设备发生的短路、严重过载及欠压、漏电等进行保护，也可用于不频繁启动电机；它还可以配合漏电器、测量、远程操作等模块单元使用，完成更高级的保护和控制。

在低压配电系统中，大部分使用场合断路器已经取代了刀开关和熔断器的组合，常作终端开关或支路开关。

低压断路器主要由脱扣器、触头系统、灭弧装置、传动机构、基架和外壳等部分组成。脱扣器包括过流脱扣器、失压(欠压)脱扣器、热脱扣器、分励脱扣器和自由脱扣器。在电路故障时，通过各种脱扣器使自由脱扣器机构动作，自动跳闸实现保护作用。其图形和文字符号如图1-1-7所示。

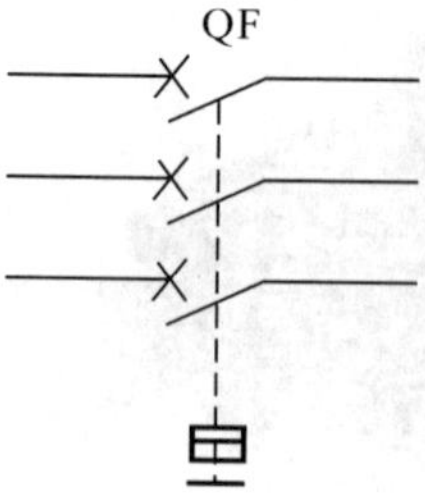

图1-1-7　低压断路器的图形和文字符号

(1)低压断路器型号含义如图1-1-8所示。

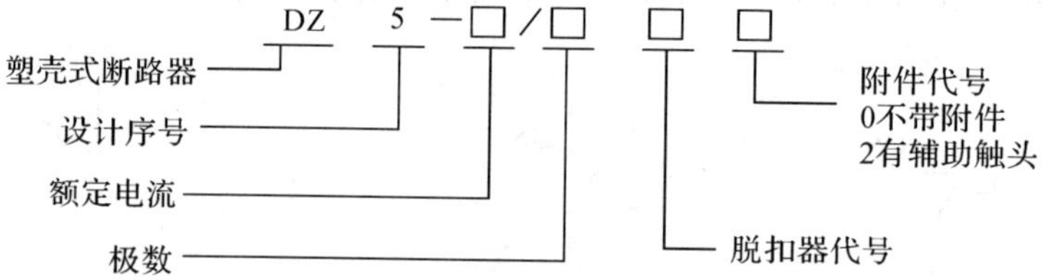

图1-1-8　低压断路器型号的含义

(2)分类：

1)按结构形式分为：框架式断路器(ACB)又称开启式、万能式断路器。比如ABB的F，Emax系列、施耐德的M，MT系列、穆勒的IZM系列、西门子的WL系列、国产的DW系列等。框架式断路器所有零件都装在一个绝缘的金属框架内，常为开启式，可装设多种附件，更换触头和部件较为方便。有手操动、储能式、非储能式以及电动式等操动形式。过电流脱扣器有热磁式、电磁式(单磁)、电子式和智能化脱扣器等几种。断路器具有长延时、短延时、瞬时3段保护及接地保护，每种保护整定值均根据其壳架等级在一定范围内可选择或调整。随着微电子技术的发展，现在部分智能型断路器具有区域选择联锁功能，充分保证了动作的灵敏性和选择性。

塑壳式断路器(MCCB)又称装置式断路器，比如ABB的lsomaxS，Tmax系列、施耐德的NS，NSX系列、国产的DZ20系列等。所有零件都密封于外壳中，辅助触头、欠压脱扣器以及分励脱扣器等多采用模块化，由于结构非常紧凑，MCCB基本不能检修。MCCB多为手动操作，大容量也有选择电动操作。MCCB的特点是体积小、接触防护好、安装使用方便、价格相对便宜。但与ACB比，MCCB的容量小，短路分断能力低，选择性和短时耐受能力差。近年来新型MCCB容量已经做到3000A，极限短路分断能力高达150kA以上，但因结构上的原因，短时耐受能力是最大短板，使选择型MCCB的应用受到局限。由于上述原因，MCCB主要用于末端线路和一些分干线，主要作电动机、小容量配电线路。

微型断路器(MCB)又称微断，比如ABB的S250系列、施耐德的C65系列、国产的DZ47系列等。实际上也是塑壳断路器的一种，因其体积很小把它另列，微断的特点是结构紧凑、接触防护好、安装使用方便、价格便宜，与塑壳式断路器相比容量更小，短路分断能力更低，短时耐受能力更差，主要做微小型电动机、小容量配电线路和照明保护和家用。

2)按用途分为：

导线保护用断路器：主要用于照明线路和保护家用电器，额定电流在 6～125 A 范围内。

配电用断路器：在低压配电系统中作过载、短路、欠电压保护之用，也可用作电路的不频繁操作，额定电流一般为 200～4 000 A。

电动机保护用断路器：在不频繁操作场合，用于操作和保护电动机，额定电流一般为 6～63 A。

漏电保护断路器：主要用于防止漏电，保护人身安全，额定电流多在 63 安以下。

3)按性能分为：低压断路器按性能又可分为普通式和限流式两种。

限流式断路器一般具有特殊结构的触头系统，当短路电流通过时，触头在电动力作用下斥开而提前呈现电弧，利用电弧电阻来限制短路电流的增长。限流式断路器比普通断路器有较大的开断能力，并能限制短路电流对被保护线路的电动力和热效应的作用。

低压断路器有较强的分断和接通短路电流的能力，额定电流为 100 A 的塑料外壳式断路器，短路通断能力约为 12 kA，而限流式断路器则可达 30 kA。常见低压断路器如图 1－1－9 所示。

(3)小型断路器的结构及组成如图 1－1－10 所示。

(4)低压断路器事故的原因分析：经现场多年对断路器的事故统计表明，其运行事故的主要类型有以下几种：

1)操动失灵：表现为断路器拖动或误动。导致操动失灵的主要原因有操动机构缺陷、断路器本体机械缺陷、操作(控制)电源缺陷。

2)绝缘故障：可分为内绝缘事故与外绝缘事故。内绝缘事故造成的危害，通常比外绝缘更大。内绝缘事故主要有套管和电流互感器事故，其原因主要是进水受潮；其次是油质劣化和油量不足。外绝缘事故主要是由于污闪和雷击引起断路器闪络、爆炸事故。

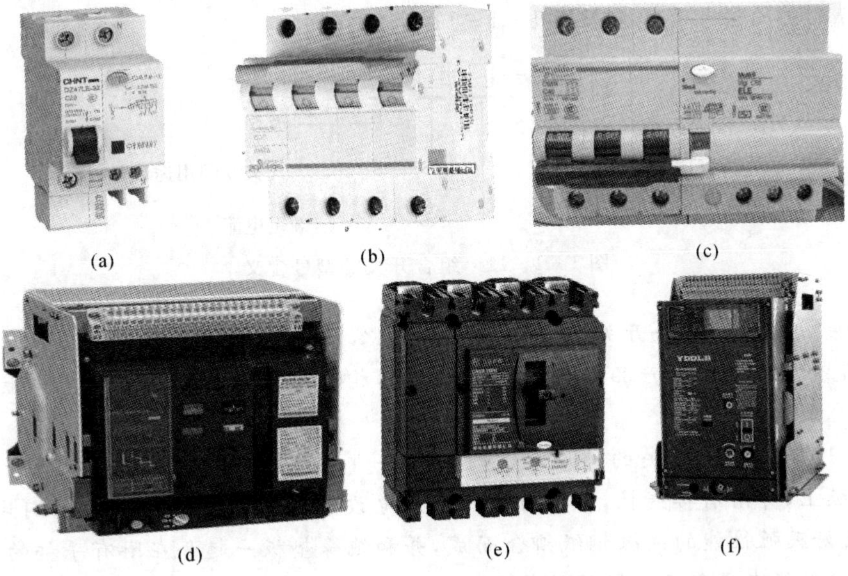

图 1－1－9　常用低压断路器

(a)漏电断路器 DZ47LE；　(b)EA9－4P－C16A 低压断路器；　(c)C65N 2P C63A 低压小型断路器

(d)MYW1(DW45)系列智能型万能式；　(e)NSX160A4P 低压塑壳式；　(f)YDDLB－1600 智能型永磁式

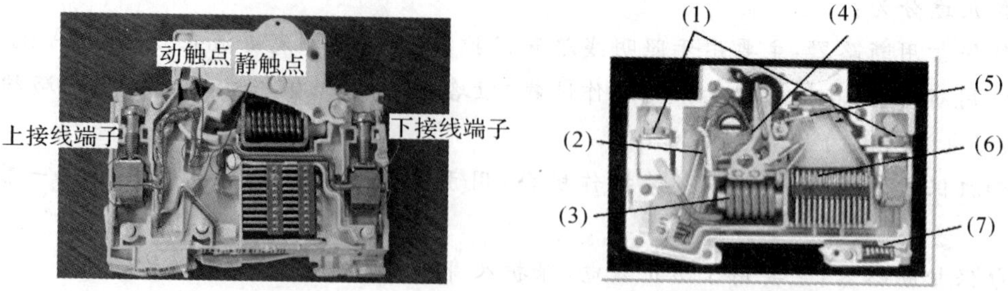

图 1－1－10　小型低压断路器的结构组成

(1)组合型接线端子；（2)用于过载保护的热双金属片；（3)用于短路保护的电磁脱扣器；
(4)机械锁定和手柄装置；（5)触头系统；（6)快速灭弧系统；（7)外壳和卡轨部件

3)开断、关合性能不良：绝大多数开断、关合事故的主要原因是由于断路器有明显的机械缺陷，其次是缺油或油质不符要求。也有是由于断路器断流能力不足。

4)导电性能不良：导电性能不良故障主要是由机械缺陷引起的。其中有：①接触不良，包括接触面不清洁，接触大小及接触压力不足；②脱落、卡阻。如铜钨触头脱落等；③接触处螺钉松动；④软连接折断等。

3. 组合开关(QS)

组合开关又称转换开关，在电气控制线路中，常被作为电源引入的开关，可以用它来直接启动或停止小功率电动机或使电动机正反转，倒顺等。组合开关有单极、双极、三极、四极几种，额定持续电流有 10 A，25 A，60 A，100 A 等多种。

组合开关具有多触点、多位置、体积小、性能可靠、操作方便、安装灵活等优点，多用于机床电气控制线路中电源的引入开关，起着隔离电源作用，用于机床控制电路的电源开关，局部照明电路也常用它来控制，还可作为直接控制小容量异步电动机不频繁起动和停止的控制开关。

(1)组合开关的型号及含义如图 1－1－11 所示。

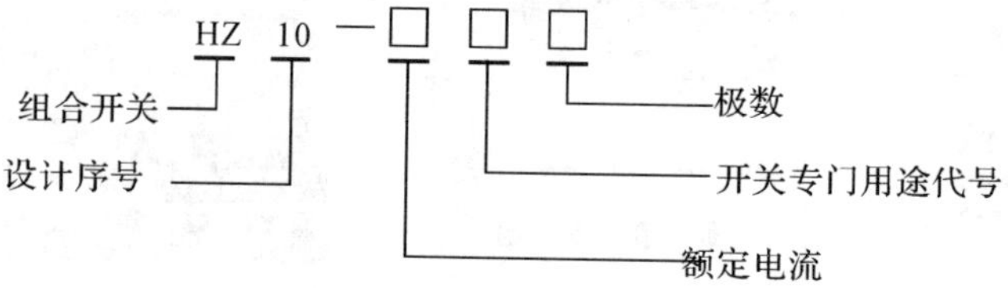

图 1－1－11　组合开关的型号含义

(2)结构。HZ 系列组合开关有 HZ1，HZ2，HZ3，HZ4，HZ5 以及 HZ10 等系列产品，其中 HZ10 系列是全国统一设计产品，具有性能可靠、结构简单、组合性强、寿命长等优点，目前在生产中得到广泛应用。

HZ10—10/3 型组合开关的外形与结构如图 1－1－12 所示。开关的三对静触头分别装在三层绝缘垫板上，并附有接线柱，用于与电源及用电设备相接。动触头是由磷铜片(或硬紫铜片)和具有良好灭弧性能的绝缘钢纸铆合而成，并和绝缘垫板一起套在附有手柄的方形绝缘轴上。手柄和转轴能在平行于安装面的平面内沿顺时针或逆时针方向每次转动 90°，带动 3 个动触头分别与三对静触头接触或分离，实现接通或分断电路的目的。开关的顶盖部分是由滑板、凸轮、扭簧和手柄等构成的操作机构。由于采用了扭簧储能，可使触头快速闭合或分断，从而提高了开关的通断能力。

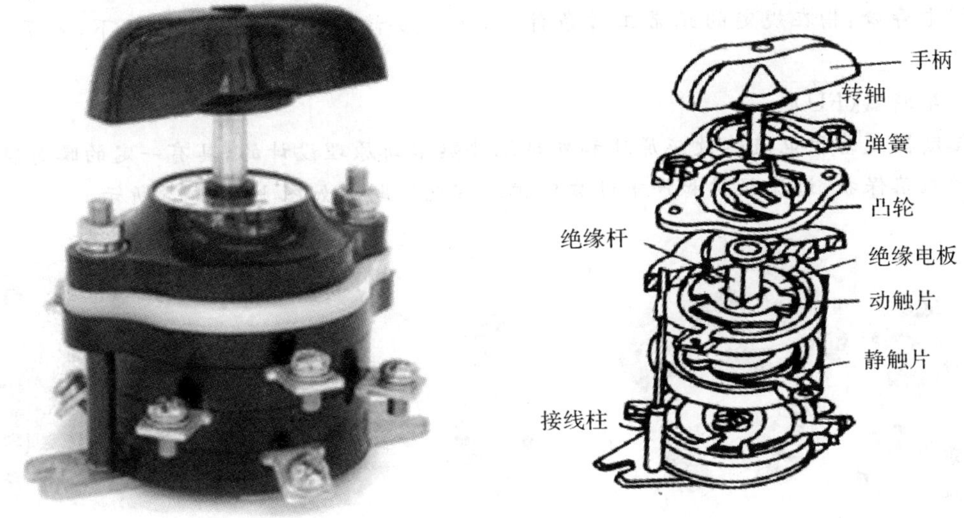

图 1-1-12　HZ10-10/3 型组合开关

(a)外形图；（b)结构图

组合开关的绝缘垫板可以一层层组合起来，按不同方式配置动触头和静触头，可得到不同类型的组合开关，以满足不同的控制要求。

组合开关在电路图中的符号如图 1-1-13 所示。

组合开关中，有一类是专为控制小容量三相异步电动机的正反转而设计生产的，如 HZ3-132 型组合开关，其外形图如图 1-1-14(a)所示。开关的手柄有“倒”“停”“顺”3 个位置，手柄只能从“停”位置左转 45°或右转 45°，其图形符号如图 1-1-14(b)所示。

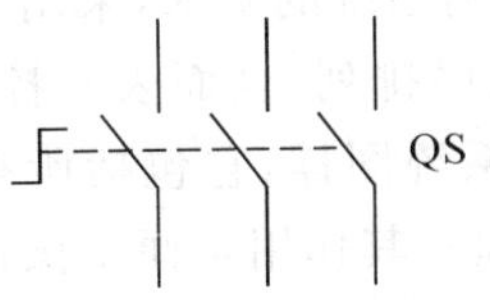

图 1-1-13　组合开关符号

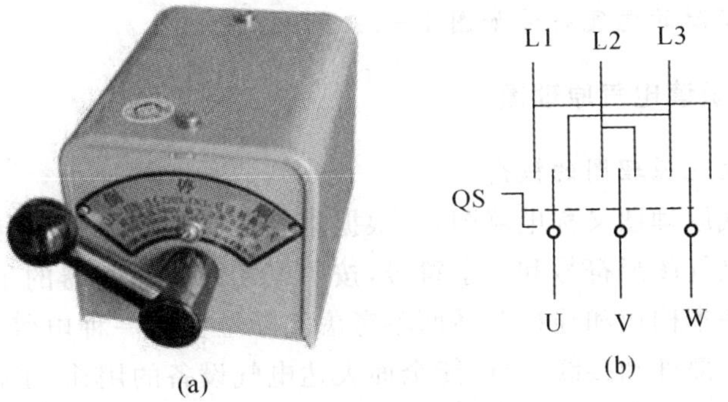

图 1-1-14　倒顺开关

(a)外形图；（b)图形符号

(3)表征组合开关性能的主要技术参数有：

1)额定电压：指在规定条件下，开关在长期工作中能承受的最高电压。

2)额定电流：指在规定条件下，开关在合闸位置允许长期通过的最大工作电流。

3)通断能力:指在规定条件下,在额定电压下能可靠接通和分断的最大电流值。

4)机械寿命:指在需要修理或更换机械零件前所能承受的无载操作次数。

5)电寿命:指在规定的正常工作条件下,不需要修理或更换零件情况下,带负载操作的次数。

4. 熔断器(FU)

熔断器是基于电流热效应原理和发热元件热熔断原理设计的,具有一定的瞬时特性,用于电路的短路保护、过流保护和严重过载保护。常见熔断器如图 1－1－15 所示。

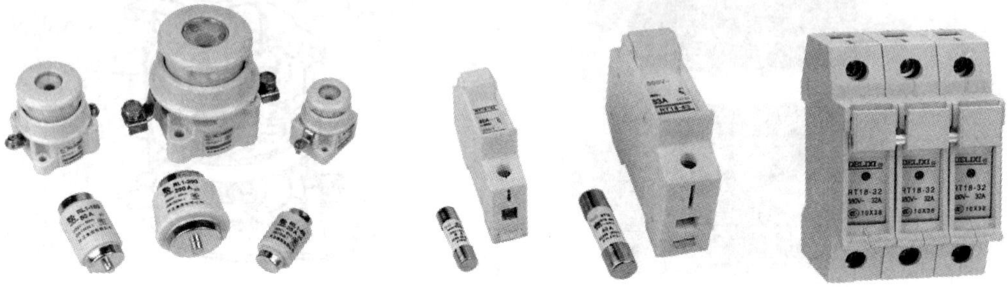

图 1－1－15　常用熔断器

熔断器主要由熔断管(或盖、座)、熔体、填料及导电部件等元件组成。种类很多,按结构分有半封闭插入式、螺旋式、无填料密封管式和有填料密封管式。按用途分有一般工业用熔断器和半导体器件保护用快速熔断器和特殊熔断器。在选择熔断器类型时,主要依据负载的保护特性和短路电流的大小。容量小的照明线路和电动机宜采用熔体为铅锡合金熔体的 RQA 系列熔断器。大容量的供电电路,则应着重考虑短路保护和分断能力,通常选用具有较高分断能力的 RM10 和 RL1 系列的熔断器;当短路电流很大时,宜采用具有限流作用的 RT0 和 RT12 系列的熔断器。

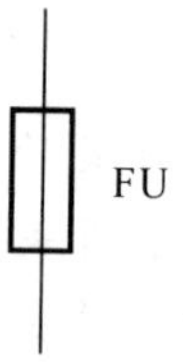

图 1－1－16　熔断器的图形和文字符号

熔断器的电气符号如图 1－1－16 所示。

三、识读电气原理图

1. 电气原理图的概念

电气原理图又称电路图,是根据生产机械运动形式对电气控制系统的要求,采用国家统一规定的电气图形符号和文字符号,按照电气设备和电器的工作顺序排列,全面表示控制装置、电路的基本构成和连接关系而不考虑实际位置的一种电气控制系统图样,它包括所有电器元件的导电部件和接线端点,能全面表达电气设备的用途、工作原理。其作用是便于操作者详细了解其控制对象的工作原理,用以指导安装、调试与维修以及为绘制接线图提供依据。

在电气原理图中电气符号包括图形符号和文字符号。电器元件的图形符号是用来表示电器设备、电器元器件的图形标记,电器元件的文字符号在相对应的图形符号旁标注的文字,用来区分不同的电器设备、电器元器件或区分多个同类设备、电器元器件,电气符号按国家标准(如国家标准 GB4728—85《电气图用图形符号》)绘制。

2.绘制、识读电气原理图应遵循的规则

(1)电源电路画成水平线，三相交流电源 L1，L2，L3 由上而下依次排列画出，中线 N 和保护地线 PE 画在相线之下。直流电源则自上而下画“＋”“－”，电源开关要水平画出。

(2)主电路是指受电的动力装置及保护电路，它通过的是电动机的工作电流，电流较大，主要由熔断器、接触器的主触头、热继电器的热元件以及电动机等组成。主电路要垂直电源电路画在原理图的左侧，其连接线路用粗实线绘制。

(3)辅助电路包括控制电路、信号电路、照明电路。控制电路是指控制主电路工作状态的电路。信号电路是指显示主电路工作状态的电路。照明电路是指实现机床设备局部照明的电路。这些电路通过的电流都较小，一般不超过 5A。辅助电路一般由主令电器的触头、接触器的线圈和辅助触头、继电器的线圈和触头、指示灯及照明灯等组成。画原理图时，控制电路、信号电路、照明电路要跨接两相电源之间，依次画在主电路的右侧，其连接线路用细实线绘制，且电路中的耗能元件要画在电路的下方，而电器的触头要画在耗能元件的上方。

(4)所使用的各电器元件必须按照国家规定的统一标准的图形符号和文字符号进行绘制和标注。

(5)各电器元件的导电部件如线圈和触头的位置，应根据便于阅读和分析的原则来安排，绘在它们完成作用的地方，例如，接触器、继电器的线圈和触头可以不画在一起，但是必须用同一个文字符号。图中相同电器较多时，需要在电器文字符号后面加上数字以示区别。

(6)所有电器的触头符号都应按照没有通电时或没有外力作用下的常态绘制；分析原理时，应从触头的常态出发。

(7)有直接联系的交叉导线连接点要用黑圆点表示；无直接联系的交叉导线连接点不画黑圆点。

(8)图面应标注出各功能区域和检索区域。

(9)根据需要可在电路图中各接触器或继电器线圈的下方，绘制出所对应的触头所在位置的位置符号图。

学习活动二　制订工作计划

学习过程

一、团队组合

每个团队 4 名成员，自选组长，自定队名和队语并填于表 1－2－1 中。

表 1－2－1　团队组合表

序　号	小队名	组　长	组　员	队　语
1				
2				
3				

续表

序　号	小队名	组　长	组　员	队　语
4				
5				
6				
7				
8				
9				

引导问题 2-1　问：作为团队的一员，你如何与其他成员相处？

小贴士

团队协作能力

所谓团队协作能力，是指建立在团队的基础之上，发挥团队精神、互补互助以达到团队最大工作效率的能力。对于团队的成员来说，不仅要有个人能力，更需要有在不同的位置上各尽所能、与其他成员协调合作的能力。

1. 概念

团队协作能力对于一个团队至关重要，设团队总能力为 A，队长的团队组织能力为 a，每个队员的平均个人能力为 b，队中人数为 c，团队协作能力为 d。那么有：$A=a\times(bc)(bc)(bc)\cdots(bc)(bc)$(共 d 个(bc))。可见团队协作能力的巨大作用。

一个好的团队并不是说每一份子各方面能力都特别棒，而是能够很好地借物使力，取团队其他成员的长处来补自己的短处，也把自己的长处优点分享给大家，互相学习交流，共同进步。

2. 作用

(1)团队大于个人。一个团队的力量远大于一个人的力量。团队不仅强调个人的工作成果，更强调团队的整体业绩。团队所依赖的不仅是集体讨论和决策，它同时也强调成员的共同贡献。但是，团队大于各部分之和。

(2)团队协作的本质是共同奉献。这种共同奉献需要一个切实可行、具有挑战意义且让成员能够为之信服的目标。只有这样，才能激发团队的工作动力和奉献精神，不分彼此，共同奉献。在一个团队里面，只有大家不断地分享自己的长处优点，不断吸取其他成员的长处优点，遇到问题都及时交流，才能让团(3)队的力量发挥得淋漓尽致。

团队合作与个人的潜力。团队协作能激发出团队成员不可思议的潜力，让每个人都能发挥出最强的力量。但是，一加一的结果却是大于二，也就是说，团队工作成果往往能超过成员个人业绩的总和。

(4)团队精神的核心就是协同合作。协同合作是任何一个团队不可或缺的精髓，是建立以相互信任基础上的无私奉献，团队成员因此而互补互助。

3.要素

(1)尊重。尊重没有高低之分、地位之差和资历之别,尊重只是团队成员在交往时的一种平等的态度。平等待人;有礼有节;既尊重他人、又尽量保持自我个性。这是团队合作能力之一:尊重的最高境界。

(2)欣赏。学会欣赏、懂得欣赏。团队的效率在于每个成员配合的默契,而这种默契来自于团队成员的互相欣赏和熟悉——欣赏长处、熟悉短处,最主要的是扬长避短。

(3)宽容。美国人崇尚团队精神,而宽容正是他们最为推崇的一种合作基础,因为他们清楚这是一种真正的以退为进的团队策略。宽容是能让你尽快融入团队之中的捷径。宽容是团队合作中最好的润滑剂,它能消除分歧和战争,使团队成员能够互敬互重、彼此包容、和谐相处、从而安心工作,体会到合作的快乐。

(4)平等。美国企业在这一点上的所作所为让人叹为观止,从无差别的办公室到无等级之分的停车场,每一个管理环节,都充分体现了团队的平等精神。当每一个团队成员都处于相同的起跑线上时,他们之间就不会产生距离感,他们在合作时就会形成更加默契、紧密的关系,从而使团队效益达到最大化。

(5)信任。现代社会的发展,使职业分工越来越细,一个人单打独斗的时代已经成为过去,越来越需要集体的合作。个人的能力再强、工作做得再出色,也不能离开团队这个大的氛围。因此,团队成员只有相互信任、主动做事、乐于分享,才能共同成长,共达成功的彼岸。信任,是整个团队能够协同合作的十分关键的一步。如果团队成员彼此间没有充分的信任,其交流就很难发生,就会丧失彼此合作的基础,整个团队也就势必形同散沙,毫无力量可言。

(6)沟通。敢于沟通、勤于沟通、善于沟通,让所有人都了解你、欣赏你、喜欢你。

(7)负责。负责即敢于担当,对自己负责,更意味着对团队负责、对团队成员负责,并将这种负责精神落实到每一个工作的细节之中。

(8)节俭。在美国,节约是整个团队的事,而每一个细微之处的浪费都可能会被认为是一种品德上的缺陷。越是优秀的员工,越要懂得事事从小处着眼,因为很多细小的环节都是与公司的前途休戚相关的。正所谓细节决定命运。所以,为了团队的整体利益,所有的团队成员都应该养成节约成本的好习惯。

因此,当我们在工作中自主、自动和自发地极力减少不必要的浪费时,无形中就会使整个团队减少支出、降低成本,实际上也就等于为整个团队增加了利润。如果我们在工作中能够形成习惯性节俭,使他成为我们的第二天性,那么我们就会因为这些习惯而获益,并最终赢得辉煌的事业。

(9)诚信。古人说:人无信则不立。诚信,是做人的基本准则,也是作为一名团队成员所应具备的基本价值理念——它是高于一切的。没有合格的诚信精神,就不可能塑造出一个良好的个人形象,也就无法得到上司和团队伙伴的信赖,也就失去了与人竞争的资本。唯有诚信,才是让你在竞争中得到多助之地的重要条件。团队精神应该建立在团队成员之间相互信任的基础上。而只有当你做到了"言必信,信必果"时,你才能真正赢得同事的广泛信赖,同时也为自己事业的兴盛发达注入了活力。

(10)热心。职场之内,人们一致认定的竞争法则是:强者有强者的游戏规则,弱者有弱者的生存法则。作为一个团队成员,必须记住,只有一个完全发挥作用的团队,才是一个最具竞争力的团队;而只有身处一个最具竞争力的团队之中,个体的价值才能得到最大程度的体现!

当你是团队中的那块“短木板”时，应该虚心接受“长木板”的帮助，尽一切努力提高自己的能力，不要让自己拖整个团队的后腿，当你是团队中的那块“长木版”时，你不能只顾自己前进的脚步，而忽略了“短木板”的存在，那么，你收获的终将是与“短木板”一样的成就。当我们身处于一个团队中时，只有想方设法让短木板达到长木板的高度，或者让所有的板子维持“足够高”的相等高度，才能完全发挥团队作用。

我们是一个整体，我们要共同面对困难，一起分享成功，时刻记住团队的利益与自己息息相关。在实现共同目标的过程中，对于失败我们应坦然面对，向狼学习，在困境中绝不放弃，面对失败，从来不退缩、屈服，想尽一切办法达成目标。我们需要的正是这种精神，因此，我们要摆正自己的心态，用积极乐观的心态去改变、去争取，坚持到底、永不放弃。团结就是力量。

推荐：读姜戎的《狼图腾》。

二、实施任务的设想或步骤

按表 1－2－2 所列步骤实施。

表 1－2－2　实施任务步骤表

序　号	步　骤	备　注
1	实地勘测	
2	劳保、安全措施准备	
3	元器件、工具、耗材准备	
4	线路安装调试	

三、元件、工具、耗材清单

根据任务单列出所需的元器件、工具、仪表和耗材，见表 1－2－3。

表 1－2－3　元器件、工具、耗材清单表

序　号	类　别	实物图	名　称	文字符号	型号规格	数　量	作　用
1			三相异步电动机	M	Y100L2 － 43KW，380V，6.8A、Y 接法	1	负载
2	元器件		低压断路器	QF	DZ47 － 20/330 三极复式脱扣器，380 V，20 A、整定 10 A	1	接通和分断电路
3		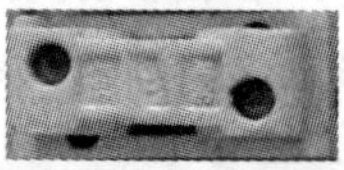	瓷插式熔断器	FU	RC1A － 30/20 380 V，30 A、配熔体 20 A	3	短路保护
4		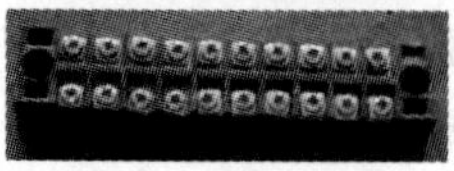	端子板	XT	JX2 － 1515 15A，15 节、660 V	1	连接

续表

序号	类别	实物图	名称	文字符号	型号规格	数量	作用
5	工具、仪表		尖嘴钳		6in	1	导线整形
6		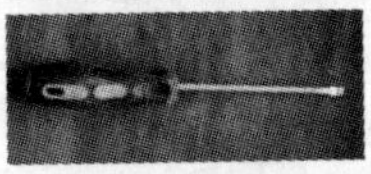	一字螺丝刀（一字起）		5 * 200mm	1	起螺钉
7		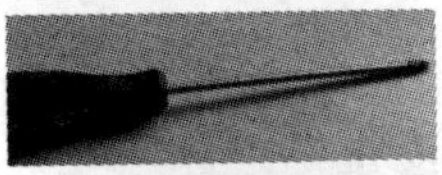	十字螺丝刀（梅花起）		5 * 200mm	1	起螺钉
8			剥线钳		175mm	1	剥削导线
9			万用表		MF47	1	检测
		检测		兆欧表		ZC11D-41 500V	
10	耗材		配电板		600mm * 600mm * 20mm	1	安装
11			动力电路塑铜线		BVR 1.5mm^2（黑色）	若干	连接
12			接地塑铜线		BVR 1.5mm^2（黄绿双色）	若干	保护
13			木螺钉		ϕ3.5 * 25	若干	固定

四、计划任务完成时间

照表 1-2-4 所列时间计划完成任务。

表 1-2-4 计划任务完成时间表

任务	计划完成时间/min	实际完成时间	备注
施工前准备	20		
元件安装固定	20		
板前配线	30		
线路调试	10		

学习活动三 施工前的准备

学习过程

一、劳保、安全措施准备

准备施工前所必须的劳保用品和安全措施，其具体见表1-3-1。

表1-3-1 劳保、安全措施准备表

序 号	项 目	准备内容	是否具备
1	劳保	安全帽	
		工作服	
		绝缘鞋	
2	安全措施	工作票填写	
		警示牌	
		接地线	

小贴士

1. 劳保

劳保是安全防护用品的简称，安全防护，即安防，所谓安全，就是没有危险、不受侵害、不出事故；所谓防护，就是防备、戒备，保护安全的一种措施。

2. 相关法律

1996年4月23日劳动部颁发了《劳动保护用品管理规定》(劳部发[1996]138号)。

2002年6月29日中华人民共和国第九届全国人民代表大会常务委员会第二十八次会议通过《中华人民共和国安全生产法》自2002年11月1日起施行，其中要求从工业人员有履行正确佩戴和使用劳动防护用品的义务。

2005年7月8日国家安全生产监督管理总局局务会议通过《劳动保护用品监督管理规定》，2005年9月1日起施行，其中规定从业人员在作业过程中，必须按照安全生产规章制度和劳动防护用品使用规则，正确佩戴和使用劳动防护用品；未按规定佩戴和使用劳动防护用品的，不得上岗作业。

3. 电工作业劳保用品使用

电工上岗、操作必须穿合格的绝缘鞋，必要时应戴安全帽及其他防护用品。所用绝缘用具、仪表、安全装置和工具须检查完好、可靠。禁止使用破损、失效的用具。对不同电压等级、工作环境、工作对象，要选用参数相匹配的用具。

电工劳保用品：安全帽、安全带、绝缘鞋、绝缘手套、帆布手套。高压电工有绝缘服，弱电有防静电服以及腕带等。

4. 电气安全措施

电气安全的组织措施：

(1)工作票制度。在电气设备上工作，应填写工作票或按命令执行，其方式有3种方式：①第一种工作票，用在高压设备上工作需要全部停电或部分停电的；高压室内的二次接线和照明等回路上的工作，需要将高压设备停电或采取安全措施的。②第二种工作票，用在带电作业和在带电设备外壳上的工作；在控制盘和低压配电盘、配电箱、电源干线上的工作；在二次接线回路上的工作；无需将高压缩比停电的工作；在转动中的发电机、同期调相机的励磁回路或高压电动机转子电阻回路上的工作；非当班值班人员用绝缘棒和电压互感器定相或用钳形电流表测量高压回路的电流。③口头或电话命令，用于第一和第二工作票以外的其他工作。口头或电话命令，必须清楚正确，值班员应将发令人、负责人及工作任务详细记入操作记录簿中，并向发令人复诵核对一遍。

(2)工作许可制度。工作票签发人由车间(分场)或工区(所)熟悉人员技术水平、设备情况、安全工作规程的生产领导人或技术人员担任。工作负责人(监护人)由车间(分场)或工区(所)主管生产的领导书面批准。工作负责人可以填写工作票。工作许可人不得签发工作票。工作许可人(值班员)在完成施工现场安全措施后，还应会同工作负责人到现场检查所做的安全措施，用验电器测试，证明检修设备确无电压，对工作负责人指明带电设备的位置和注意事项，同工作负责人分别在工作票上签名。完成上诉手续后，工作班方可开始工作。

(3)工作监护制度。完成工作许可手续后，工作负责人(监护人)应向工作班人员交待现场安全措施、带电部位和其他注意事项。工作负责人(监护人)必须始终在工作现场，对工作人员的安全认真监护，及时纠正违反安全规程的操作。全部停电时，工作负责人(监护人)可以参加工作班工作。部分停电时，只有在安全措施可靠，人员集中在一个工作地点，不致误碰带电部分情况下，方可参加工作，工作期间，工作负责人若因故必须离开工作地点，应指定能胜任的人员临时代替，离开前应将工作现场交代清楚，并告知工作班人员。原工作负责人返回工作地点时，也应履行同样的交接手续。若工作负责人需要长时间离开现场，应由原工作票签发人变更新工作负责人，两工作负责人应做好必要的交接。值班员如发现工作人员违反安全规程或任何危及工作人员安全的情况，应向工作负责人提出改正意见，必要时可暂时停止工作，并立即报告上级。

(4)工作间断、转移和终结制度。工作间断时，工作班人员从工作现场撤出，所有安全措施保持不动，工作票仍由工作负责人持存。每日收工，将工作票交回值班员。次日复工时，应征得值班员许可，取回工作票，工作负责人必须首先重新检查安全措施，确定符合工作票的要求后，方可工作。全部工作完毕后，工作班人员应清扫、整理现场。工作负责人应先周密检查，待全体工作人员撤离工作地点后，再向值班人员讲清所修项目、发现的问题、实验结果和存在的问题等，并与值班人员共同检查设备状态、有无遗留物件、是否清洁等，然后在工作票上填明工作终结时间，经双方签名后，工作票方告终结。只有在同一停电系统所有工作票结束，拆除所有接地线临时遮挡和标识牌，恢复常设遮拦，并得到值班调度员或值班负责人的许可命令后，方可合闸送电。已结束的工作票，保存3个月。

5.电气安全的技术措施

(1)停电。工作地点必须停电的设备如下:

1)待检修的设备。

2)与工作人员在进行工作中正常活动范围的距离小于表1-3-2规定的距离。

表1-3-2 工作人员工作中正常活动范围与带电设备的安全距离

电压等级/kV	安全距离/m
10及以下	0.35
20～35	0.60
44	0.90
60～100	1.50
154	2.00
220	3.00
330	4.00

3)在44 kV以下设备上进行工作,上述安全距离虽大于表1-3-2的规定,但小于表1-3-3的规定,同时又无安全遮拦设备。

表1-3-3 设备不停电时的安全距离

电压等级/kV	安全距离/m
10及以下	0.7
20～35	1.00
44	1.20
60	1.50
154	2.00
220	3.00
330	4.00

4)带电部分工作人员后面或两侧无可靠安全措施的设备。

(2)验电。验电时,必须用电压等级合适而且合格的验电器。在检修设备的进出线两侧分别验电。验电前应先在有电设备上进行试验,以确认验电器良好,如果在木杆、木梯或木架上验电,不接地线不提示者,可在验电器上接地线,但必须经值班负责人许可。高压验电必须带绝缘手套。35kV以上的电气设备,在没有专用验电器的特殊情况下,可以使用绝缘棒代替验电器,根据绝缘棒端有无火花和放电声来判断有无电压。表示设备断开和允许进入间隔的信号,经常接入的电压表的指示等,不得作为无电压根据。但如果指示有电,则禁止在该设备上工作。

(3)装设接地线。当验明确无电压后,应立即将检修设备接地并三相短路。这是保证工作人员在工作地点防止突然来电的可靠安全措施,同时设备断开部分的剩余电荷,亦可因接地而放尽。对于可能送电至停电设备的各部分或可能产生感应电压的停电设备都要装设接地线,所装接地线与带电部分应符合规定的安全距离。装设接地线必须两人进行,若单人值班,只允许使用刀闸或使用绝缘棒合接地刀闸。装设接地线必须先接接地端,后接导体段,并应接触良好。拆接地线均应使用绝缘棒或带绝缘手套。接地线应用多股裸铜线,其截面应符合短路要求，但不得小于 $25mm^2$。接地线在每次装设应经过详细检查，损坏的接地线应及时修理或更换。禁止使用不符合规定的导线作接地或短路。需要拆除全部或一部分接地线后才能进行高压回路上的工作（如测量母线和电缆的绝缘电阻，检查开关触头是否同时接触等）须经特别许可。拆除一项接地线、拆除接地线而保留短路线、将接地线全部拆除或拉开接地刀闸等工作必须得到值班员的许可（根据调度命令装设的接地线，必须得到调度员的许可）。工作完毕后立即恢复。

(4)悬挂标示牌和装设遮拦。在工作地点、施工设备和一经合闸即可送电到工作地点或施工设备的开关和刀闸的操作把手上，均应悬挂“禁止合闸，有人工作!”的标识牌。如果线路上有人工作，应在线路开关和刀闸把手上悬挂:“禁止合闸，线路上有人工作!”的标识牌。标识牌的悬挂和拆除，应按调度员的命令执行。部分停电的工作，安全距离小于 1－3－3 规定的数值的未停电设备，应装设临时遮拦，临时遮拦与带电部分的距离，不得小于表 1－3－2 规定的数值。临时遮拦可用干燥木橡胶或其他坚韧绝缘材料制成，装设应牢固，并悬挂“止步，高压危险!”的标识牌。35kV 以下设备的临时遮拦，如应特殊工作需要，可用绝缘挡板与带电部分直接接触。但此挡板必须具有高度的绝缘性能，符合耐压试验要求。在室内高压设备上工作，应在工作地点两旁间隔和对面间隔的遮拦上和禁止通行的过道上悬挂“止步，高压危险!”的标识牌。在室内地面高压设备上工作，应在工作地点四周用绳子做好围栏，围栏上悬挂适当数量的“止步，高压危险!”的标识牌，标识牌必须朝向围栏外面。同时在工作地点悬挂“在此工作!”的标识牌。在室内架构上工作，应在工作地点邻近带电部分的横梁上，悬挂“止步高压危险!”的标识牌，此项标识牌在值班人员监护下，由工作人员悬挂。在工作人员上下用的铁架和梯子上，应悬挂“从此上下!”的标识牌，在邻近其他可能误登的带电构架上，应悬挂“禁止攀登，高压危险!”的标识牌。严禁工作人员在工作中移动或拆除遮拦、接地线和标识牌。

二、工具、元器件、耗材准备

填写领料单，并领出所需器件，见表 1－3－4。

表　1－3－4

领料部门　　　　　　　　　　领　料　单　　No：

生产单号：　　　　　　　　　　　　　　　　年　　月　　日

序　号	品　名	型号规格	单　位	请领数量	实发数量	备　注

制单：　　　　审核：　　　　领料：　　　　发料：

小贴士

某制造企业仓库管理制度

一、目的

本制度对于仓库的收、发、贮、管作了规定，以确保不合格的原材料和成品不入库、不发出，贮存时不变质、不损坏、不丢失。

二、适用范围

适用于公司所有仓库的管理。

三、内容

1.分类

公司有原材料库、半成品库、成品库、布线库、办公用品库。

2.职责

(1)原材料库库管员负责所有原材料、包装物品的收、发、管工作。

(2)半成品库库管员负责所有半成品、外协品及装配车间所需易耗品的收、发、管工作。

(3)成品库库管员负责成品、待处理品的收、发、管工作及退回货物前期保管。

(4)布线库库管员负责布线车间所需电子元器件及易耗品的收、发、管工作。

(5)办公用品库库管员负责公司所有办公用品的收、发、管工作。

四、请购

(1)仓库保管员应根据ERP中货品安全存量，定期清查各项备品及一般消耗品的存量，当库存量低于安全存量时，即应提出请购，填写《采购申请单》或电话通知生产部计划员，说明品名、规格、单位、数量、任务单号、需用日期；生产部计划员在经生产部长审核同意后，在ERP中制作《请购单》报总经理核准后，由供应部办理采购事宜。

(2)仓库接到其他单位提出的请购单时，应查明请购物料是否还有库存或代用品或以达到请购点，确认需采购后，按(1)的程序进行。

(3)安全存量的设定应由各使用部门提出申请，并填制“物料安全存量申请表”，由本部门主管签核后，交供应部门确认，再呈送总经理核准，最后交生产部建档。

(4)安全存量一经设定，不得任意变更。若需异动或新增安全存量时，由使用部门填开“物料安全存量异动申请表”，其签核程序依(3)规定进行。

(5)未建安全存量而又需使用的物料，由使用部门提出申请，填写采购单，报给生产部计划员处，操作流程依(1)。

(6)采购员在ERP中收到经总经理核准的《请购单》后，应根据使用单位的需用时间及时订购。

五、入库

1. 外购材料和外协品入库流程

(1)外购材料和外协品到公司后，由库管员指定放置于仓库待验区内，大宗的货物可以直接放在仓库合格区内(于栈板上码垛存放)；属采购人员带款提货者(除仓库同意直接送到生产现场外)，返厂后须将货物交予仓库。

(2)所有购进物料必须有送货单或发票，并注明物料名称、规格、数量、单价等，库管员凭供货商(外协厂家)的送货单通知相关的检验员进行现场检验。

(3)检验的内容包括：产品品名、型号规格、产品质量、生产日期或批号、保质期、数量、包装和合格证明等。需过磅的物料，以实际过磅数为收货依据。

(4)经现场检验合格的，库管员应立即核对实际数量，并与请购单数量核对，按实际点收数量收货。采购物料应在 2 日内(节假日顺延)在 ERP 中开具《进货单》和《进货验收单》。库管员若在 2 日内无法开具《进货单》的，需及时将物料详细情况(包括：供应商、物料名称、规格、数量、到货日期、经办人)报财务部备查。

(5)外协加工品在现场检验合格并核对实际数量后，在 ERP 中开具《托外加工缴库单》。

(6)《进货验收单》提交给质检员签字确认合格。《进货验收单》一式二联，一联交质检员报质管部备案，一联附在《进货单》后交采购员报财务部核算。

(7)经现场检验不合格的，通知采购部或外协厂家相关人员进行交涉或办理退货。

(8)库管员接到经质检员签字确认合格的《进货验收单》后，将待验区内的货物转移到库内合格区存放。

(9)对于未有请购计划的急购物料，库管员应根据收到的实物点收，并通知使用部门及采购员，在三个工作日内将请购单补齐。

2. 半成品入库流程

(1)半成品经车间质检员检验合格后，库管员根据 ERP 中车间开具的《托工明细表》，与车间发货员进行现场核对。

(2)库管员应核对半成品的品名、型号、颜色、数量、批次号、生产日期，无误后方可入库。

(3)核对无误后库管员凭车间检验单及时在 ERP 中办理半成品入库手续。如无检验单和半成品发料单，库管员可不予入库。

3. 成品入库

(1)检验结论为"合格"的产品，由装配车间主任或二装班组长通知生产部调度科长及时安排产品交付。

(2)装配车间将产品、生产任务单和产品检验单交到成品库办理成品入库手续，库管员应及时在 ERP 中开具《成品缴库单》。

(3)在办理入库时，库管员应检查、核对产品的品名、型号、数量、批次等标识是否正确、规范以及外包装是否干净等，符合要求的方可入库。

(4)成品入库后应放置于产品合格品区或产品待发货区内。

4. 待处理品入库

(1)待处理品是指因客户退货、返工的产品(组件)和其他仓库滞存待处理材料等可使用的需等待处理的物品。

(2)库管员应检查核对退货返工产品(组件)和滞存待处理品的品名、型号、数量、批号等是否属实,并对待处理品进行入库登记。

(3)待处理品入库后,库管员应及时审核,在帐上记录产品的名称、型号、规格、批号、生产日期、数量、入库日期以及注意事项,并做出标识。

(4)未经检验和试验,或经检验和试验认为不合格的待处理品,应及时申请报废,不得入库。

(5)库管员应妥善保存入库待处理品的有关生产记录和质量记录(检验记录、原始质量证明、检验报告单等),并每月汇总交生产部进行处理解决。

六、贮存

(1)贮存物品的场地或库房应地面平整,要做到通风、干燥、清洁、安全、防尘和避光,有防火、防潮设施,以防止库存物料损坏或变质。

(2)库存物料必须做到全面规划、合理有效地利用库房空间,按品种、规格、类别、及使用功能分区存放,按"定置管理"的要求做到定区、定位、定标识。

(3)对收发频繁的物料应配置于进出便捷的库位,物料堆放按规定留有安全通道。

(4)库存物料标识包括产品名称、代号、型号、规格,由库管员用挂标牌的方法做出。若产品外包装已有上述标识的,仅挂产品型号的标识牌即可。

(5)完成验收作业的采购物料,仓管人员应依物料规格、类别收入料架或存放区,按型号、批号码放,较重物料高度不得超过 6 层。

(6)库存物料存放应做到"三齐":堆放齐、码垛齐、排列齐。离地、离墙 10～20cm,并与屋顶保持一定距离;垛与垛之间应有适当间隔。

(7)原材料应整齐码放,纸箱包装码放高度不得超过规定层数;袋包装和桶包装码放高度不宜过高,以防损坏产品。

(8)放置于货架上的产品,要按上轻下重的原则放置,以保持货架稳固。

(9)对玻璃、油品、油漆、高压气瓶等易燃、易爆、易碎的特殊物料要单独存放,并悬挂明显标识,注意防护并放置灭火器等安全防护器材。

(10)对产成品、半成品、外协件等,要注意防碰撞、防挤压、防潮,保护表面整洁。

(11)对电子元器件要注意挤压、碰摔、电磁、潮湿等情况,保证材料的完整有效。

(12)对纸制品、纤维制品等要有防火、防潮措施,保证材料品质。

(13)对有保质期的物料,要在物料标识上注明,及时注意处理解决。

(14)做好仓库的卫生、防火、防潮、防盗等措施。

七、发放

(1)车间生产人员凭《配料单》或《领料单》到原料库领取原材料和半成品。

(2)半成品库和布线库库管员每天按《配料单》上标明的内容配料、发放。车间领用人在收到所需物料并核对后,须在《配料单》或《领料单》签字确认。

(3)在配料时,如果发现计划数量和实际发放数量不符或缺件时,库管员应在《配料单》上填写实际发放的数量或注明缺件情况。

(4)实行批次管理的原料,库管员每天配料、发料时在《配料单》上填写该原料的批号,以达到可追溯的目的。

(5)提取成品时必须有销售部在ERP中打印的《销货单》,在出厂前要由库管员在ERP中开具《放行单》并盖章后,门卫放可放行出厂。

(6)需交付给客户的物料,库管员凭经审批的《领料单》《销货单》发放原材料、半成品或成品时,应做到:

1)认真核对《领料单》《销货单》的各项内容,凡填写不齐全、字迹不清晰、审批手续不完备的不得发放;

2)发放时,应认真核对实物的品名、型号、颜色和数量,符合领料或出库凭证要求的才能发放;

3)发放完毕,库管员应对《领料单》《销货单》《配料单》进行自查自审;单据应妥善保管,每月进行汇总,每年年终需上交公司档案室存档。

4)发放时,若产品标识破损、字迹不清,应重新作出标识后发放;

5)同一规格的原料、半成品、成品应按"先进后出"的原则进行发放。

八、退料

(1)物料领出后,若因未能完全使用或有其他原因不能使用时,领用部门应办理退料手续,填写"材料退库申请",由部门主管签认后,连同待退的物料送至仓库。

(2)仓库接到材料退库后,按照"材料退库申请"逐一清点核对;核对无误后,库管员在ERP中开具《领料退回单》入库,物料归类存放,重新纳入库存管理。

(3)因成本核算需要,下一成本核算周期仍需使用而当期未用完物料,可办理假退料手续,以方便工作,办理假退料时,由车间在期末填写退库单,将办理假退料手续的物料相应集中摆放,由库管员现场点验。不需将实物退回仓库,在下一成本核算周期的首日,按相同数量开出领料单,进行对冲。

(4)已使用过的回收废、旧物料,仍需办理退库手续,退库时,登记辅助账,进行跟踪管理。因回收物料已计算过成本,一般可不再计算价格。

(5)禁止任何使用单位和个人未经仓库办理手续而直接退回供货商或与供货商调换。

九、调拨

(1)外单位或个人需调拨、购买公司材料物资,应由生产部负责人同意,贵重物品须经总经理同意;并填写调拨单,写明材料、物资名称、型号、规格、计量单位及数量,交财务部核定价格。

(2)售价在原价基础上加收5%～10%的管理费,市价提高的,应以市价为基础加收管理费。

(3)仓库按核价后的调拨单发货。遇有特殊情况需调拨物资的,在报经总经理同意后,由财务部开具调拨单。

十、滞废料处理

(1)仓库应定期清查库存物料异动情况,对于长期未领用或有使用价值的物料,列表报送相关单位;若无留存价值的物料应挑出整理,呈报公司总经理核批后,先采取出售方式处理,若仍无法解决,再依报废销毁的方式处理。

(2)自车间拆换下的设备、机件及备品,若仍有部分可使用或有修复及使用价值时,由维护人员修复后依退料方式办理退库，而后由仓管部门规划储存位置并建立台帐。

(3)经领出使用的空容器(含铁桶、塑料桶及其他容器)以及废油和现场换下的物品，堆放至一定数量时，应向主管部门申请统一处置。

(4)废旧材料、物资的处理，由综管部负责。处理时应至少联系二户以上买家，按报价高的处理。过磅时，应有财务人员参与。废旧材料、物资的处理，必须收取现金。

十一、盘点

(1)仓库由生产部和财务部实行双重管理，财务部负责对仓库 ERP 的出入库帐务情况进行监督和指导工作；生产部负责仓库日常的行政管理工作。

(2)成本会计每月初对各库的物料抽检，检查内容为库存实物情况与帐面数核对情况，检查 ERP 中的单据情况，并与原始单据进行核对。参与仓库每季度的盘点。每年年末，由财务部牵头，公司相关人员参加，对仓库进行大盘点。

(3)盘点应于实地以实物为准逐一盘点，并逐一记录至盘点清单。盘点人员应在 ERP 中制做《盘点表》并打印签字后呈报公司。

(4)生产部应定期检查仓库的物料存放情况、标识情况，保证账、物、卡相符。定期抽查物料的仓储环境、有无错放、混料及超期贮存、变质、损坏等现象，发现问题，及时解决。若发现账卡物有不一致的情况，将对有关部门和仓库人员酌情予以处罚。

(5)仓库所有物料采取承续盘存制，物管人员每月应查点及核对，做到帐卡物相符。

(6)库管员每月对常出入物料盘点一次。每季末自行盘点一次。

(7)盘点时若物料的数量有盈亏的情况，应编制材料盘点盈亏表，注明原因，呈报总经理核准后，再行调整账面资料。如盘盈盘亏属人为疏忽应追究责任人责任并负责赔偿。

十二、仓库内部管理

(1)各仓库库管员根据生产计划，做好查料、配料工作，严格按领料制度发放原料。根据生产计划和库存填报采购申请计划，保证生产需要。

(2)对于喷塑产品要严格按照产品的贮存条件贮存，经常检查并通风，发现问题及时通知直接上级并与技术部联系，做到及时处理。

(3)凡打开包装的原料、半成品和成品，都应重新包装，保证密封，不允许敞开存放。没有标识的应做出标识。

(4)成品库负责样品的包装、发放。样品包装上应有标识，标识内容包括：品名、型号和生产日期。样品应在生产后的 3 个月内发放。若要将超过 3 个月的产品做样品发放，应报验，经检验合格后才能做样品发放。

(5)安全事项

1)上班必须检查仓库门锁有无异常，物品有无丢失。

2)下班检查是否已锁门、拉闸、断电及是否存在其地不安全隐患。

3)上班时应检查消防器材、电气设备是否完好，打扫卫生，整理货架，保持物料整洁。

十三、实施与考核

本制度由生产部、财务部、供应部共同制定并解释，并由生产部、财务部负责实施、检查与考核。

本规定自签发之日起执行。本制度施行后，原有的类似制度自行废止。

学习活动四　学习任务实施

学习过程

一、工序及工期安排

工序及工期安排表见表1-4-1。

表1-4-1　工序及工期安排表

序　号	工序工作内容	完成时间	备　注
1	工序一名称：器件选测		
2	工序二名称：器件安装		
3	工序三名称：板前配线		
4	工序四名称：线路调试		

二、任务实施

1. 实施工序一：器件选测

引导问题1-4-1　元器件选择。表1-3-2中按用途低压断路器与熔断器各有哪些类型，都用在什么场合？

(2)元器件检测：

引导问题1-4-2　表1-2-3中元件可通过图1-4-1中哪个仪表进行检测？（请在空白处画勾）

引导问题1-4-3　填一填图1-4-2中空白处名称？

(a)　　(b)

图　1-4-1

(a)数字式万用表；(b)指针式万用表

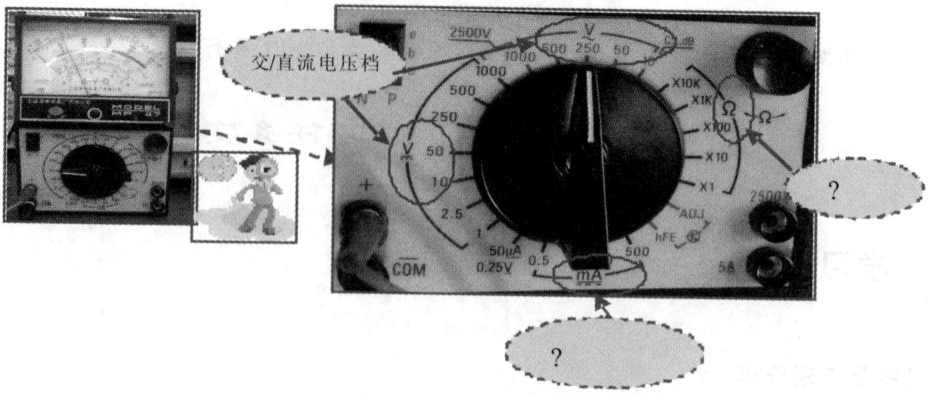

图 1－4－2　数字式万用表选择开关

(3)填写报告表。用万用表电阻档检测元器件好坏，并将结果填入表 1－4－2 中。

表 1－4－2　元器件检测报告表

序号	元器件名称	检测数据	是否合格
1			
2			
3			

小词典

一、电器分类

电器分类见表 1－4－3。

表 1－4－3　电器分类表

分类形式	名　称	用　途
按工作电压等级分	高压电器	用于交流电压 1200V、直流电压 1500V 以上的电路
	低压电器	用于交流电压 1200V、直流电压 1500V 及以下电路
按用途分	配电电器	用于供配电系统中实现对电能的输送、分配和保护，主要有刀开关、组合开关、熔断器、断路器等
	控制电器	用于生产设备自动控制系统中进行控制、检测和保护，主要有接触器、继电器、主令电器等
按动作方式分	自动电器	依靠本身参数的变化或外来指令信号的作用，自动完成接通或分断等动作，如接触器、继电器等
	非自动电器	主要是依靠人力直接操作来进行切换。如按钮、刀开关等

续表

分类形式	名　称	用　途
按有无触点（执行功能）分	有触点电器	有可分离的动触点和静触点，利用触点的接触和分离来实现电路的通断控制。如接触器、继电器等
	无触点电器	没有可分离的触点，主要利用半导体元器件的开关效应来实现电路的通断控制。如接近开关、光电开关等
按工作环境分	有触点电器	一般环境和工作条件下使用的电器
	无触点电器	特殊环境和工作条件下使用

二、万用表的使用

1. 万用表的基本介绍

万用表不仅可以用来测量被测量物体的电阻，交直流电压还可以测量直流电流。常见的万用表有指针式万用表（见图 1－4－1(b)）和数字式万用表（见图 1－4－1(a)）。

(1)指针式万用表是以表头为核心部件的多功能测量仪表，测量值由表头指针指示读取，如图 1－4－3 所示。

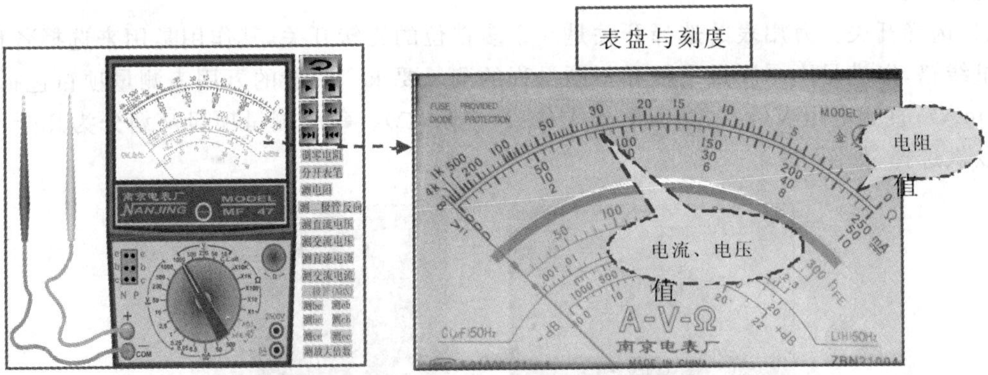

图 1－4－3　指针式万用表

(2)数字式万用表的测量值由液晶显示屏直接以数字的形式显示，读取方便，有些还带有语音提示功能。万用表是共用一个表头，集电压表、电流表和欧姆表于一体的仪表。

2. 万用表的结构组成

万用表由表头、测量电路及转换开关等 3 个主要部分组成。万用表是电子测试领域最基本的工具，也是一种使图 1－4－4 数字式万用表用广泛的测试仪器。

万用表又叫多用表、三用表（A，V，Ω 也即电流、电压、电阻三用）、复用表、万能表，万用表分为指针式万用表和数字万用表，还有一种带示波器功能的示波万用表，是一种多功能、多量程的测量仪表。一般万用表可测量直流电流、直流电压、交流电压、电阻和音频电平等，有的还可以测交流电流、电容量、电感量、温度及半导体（二极管、三极管）的一些参数。

(1)表头（数字式）。数字万用表的表头一般由一只 A/D（模拟/数字）转换芯片＋外围元件＋液晶显示器组成，万用表的精度受表头的影响，万用表由于 A/D 芯片转换出来的数字，一般也称为 3 位半(3 1/2 位)数字万用表,4 位半(4 1/2 位)数字万用表等等。最常用的芯片是 ICL7106(3 位半 LCD 手动量程经典芯片,后续版本为 7106A,7106B,7206,7240 等等),ICL7129(4 位半 LCD 手动量程经典芯片),ICL7107(3 位半 LED 手动量程经典芯片)。

(2)表笔和表笔插孔。表笔分为红、黑二只。使用时应将红色表笔插入标有"+"号的插孔,黑色表笔插入标有"-"号的插孔,如图 1-4-4 所示。

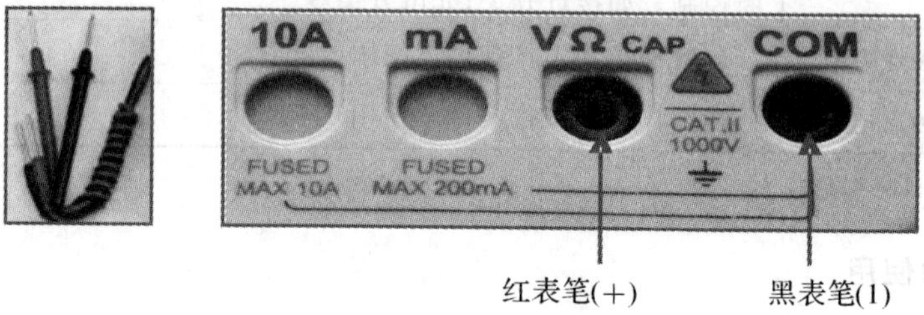

图 1-4-4 表笔与表笔插孔

(3)测量线路。测量线路是用来把各种被测量转换到适合表头测量的微小直流电流的电路,它由电阻、半导体元件及电池组成,它能将各种不同的被测量(如电流、电压、电阻等)、不同的量程,经过一系列的处理(如整流、分流、分压等)统一变成一定量限的微小直流电流送入表头进行测量。

(4)选择开关。万用表的选择开关是一个多档位的旋转开关,其作用是用来选择各种不同的测量线路,以满足不同测量项目和不同量程的测量要求。一般的万用表测量项目包括:直流电流(mA);直流电压 V(—);交流电压 V(~);电阻(Ω)。每个测量项目又划分为几个不同的量程以供选择,如图 1-4-5 所示。

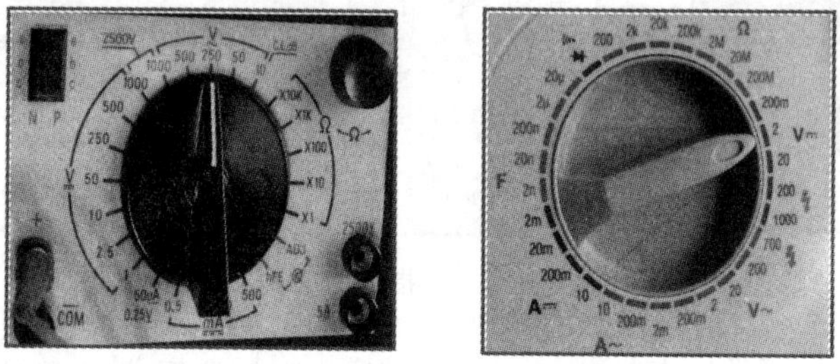

图 1-4-5

(a)指针式; (b)数字式

3. 数字式万用表的测量

(1)数字式万用表测量电阻的步骤

①"看":拿起表笔看插孔和档位。

②"扳":对应电量扳到位。

③"测量":测量稳定记读数。

④"关电源":放下表笔关电源

(2)选用原则

①指针表读取精度较差,但指针摆动的过程比较直观,其摆动速度幅度有时也能比较客观

地反映了被测量的大小(比如测电视机数据总线(SDL)在传送数据时的轻微抖动);数字表读数直观,但数字变化的过程看起来很杂乱,不太容易观看。

②指针表内一般有两块电池,一块低电压的1.5V,一块是高电压的9V或15V,其黑表笔相对红表笔来说是正端。数字表则常用一块6V或9V的电池。在电阻档,指针表的表笔输出电流相对数字表来说要大很多,用R×1Ω档可以使扬声器发出响亮的“哒”声,用R×10kΩ档甚至可以点亮发光二极管(LED)。

③在电压档,指针表内阻相对数字表来说比较小,测量精度相比较差。某些高电压微电流的场合甚至无法测准,因为其内阻会对被测电路造成影响(比如在测电视机显像管的加速级电压时测量值会比实际值低很多)。数字表电压档的内阻很大,至少在兆欧级,对被测电路影响很小。但极高的输出阻抗使其易受感应电压的影响,在一些电磁干扰比较强的场合测出的数据可能是虚的。

④在相对来说大电流高电压的模拟电路测量中适用指针表,比如电视机、音响功放。在低电压小电流的数字电路测量中适用数字表,比如BP机、手机等。但不是绝对的,可根据情况选用指针表和数字表。

(3)操作规程

①使用前应熟悉万用表各项功能,根据被测量的对象,正确选用档位、量程及表笔插孔。

②在对被测数据大小不明时,应先将量程开关,置于最大值,而后由大量程往小量程档处切换,使仪表指针指示在满刻度的1/2以上处即可。

③测量电阻时,在选择了适当倍率档后,将两表笔相碰使指针指在零位,如指针偏离零位,应调节“调零”旋钮,使指针归零,以保证测量结果准确。如不能调零或数显表发出低电压报警,应及时检查。

④在测量某电路电阻时,必须切断被测电路的电源,不得带电测量。

⑤使用万用表进行测量时,要注意人身和仪表设备的安全,测试中不得用手触摸表笔的金属部份,不允许带电切换档位开关,以确保测量准确,避免发生触电和烧毁仪表等事故。

小贴士

元器件检测内容见表1-4-4。

表1-4-4　元器件检测项目表

序号	项目	检测数据	是否合格
1	外观		
2	型号规格		
3	仪表检测技术参数		

2.实施工序二:元器件安装

(1)按图1-4-6所示尺寸固定元器件。

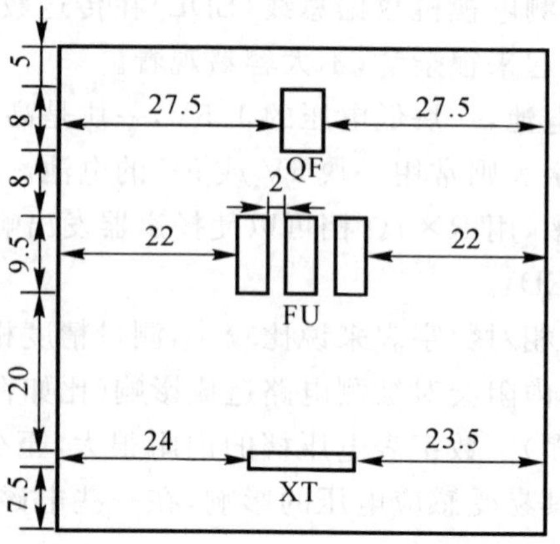

图 1-4-6 手动控制线路元件布置图

(2)元器件安装质量检测报告。元器件安装完毕后,进行安装质量检查,将结果填入表1-4-5中,并对不合格的进行重新安装。

表 1-4-5 元器件安装质量检测报告表

序号	元器件名称	安装质量检测	是否合格
1	低压开关		
2	熔断器		
3	端子排		

注:元器件安装质量检测从元器件安装是否有损坏、元器件安装进出端是否正确、元器件安装是否牢固、元器件安装位置是否合理4个方面来检测。

小贴士

常用电工工具使用与维护保养

1.验电器的使用和使用时的安全要求

(1)验电器的使用方法。低压验电器(试电笔)使用时,正确的握笔方法如图1-4-7所示。手指触及其尾部金属体,氖管背光朝向使用者,以便验电时观察氖管辉光情况。

当被测带电体与大地之间的电位差超过60V时,用试电笔测试带电体,试电笔中的氖管就会发光。低压验电器电压测试范围是60～500V。

高压验电器使用时,应特别注意的是,手握部位不得超过护环,还应戴好绝缘手套。高压验电器握法如图1-4-8所示。

(2)验电器的使用要求:

1)验电器使用前应在确有电源处测试检查,确认验电器良好后方可使用。

2)验电时应将电笔逐渐靠近被测体,直至氖管发光。只有在氖管不发光时,并在采取防护措施后,才能与被测物体直接接触。

3)使用高压验电器验电时,应一人测试,一人监护;测试人必须戴好符合耐压等级的绝缘手套；测试时要防止发生相间或对地短路事故；人体与带电体应保持足够的安全距离。

4）在雪、雨、雾及恶劣天气情况下不宜使用高压验电器，以避免发生危险。

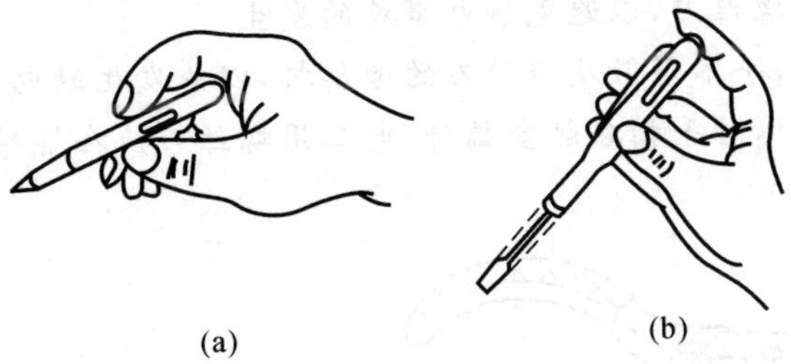

图 1－4－7　低压验电器握法

(a)笔式握法；（b)螺钉旋具式握法

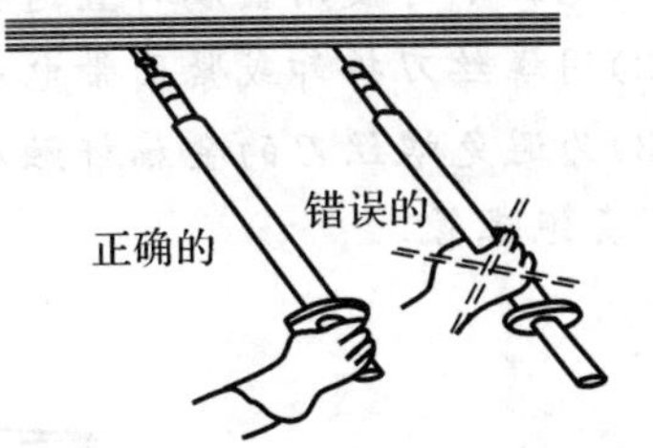

图 1－4－8　高压验电器握法

2. 钢丝钳

钢丝钳的使用方法如图 1－4－9 所示。使用钢丝钳时的注意事项：

1）电工在使用钢丝钳之前，必须保证绝缘手柄的绝缘性能良好，以保证带电作业时的人身安全。

2）用钢丝钳剪切带电导线时，严禁用刀口同时剪切相线和零线；或同时剪切两根相线，以免发生短路事故。

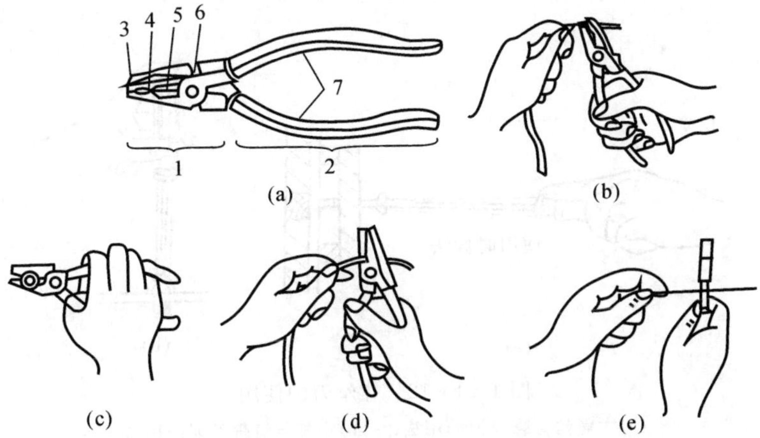

图 1－4－9　钢丝钳的结构和用途

(a)结构；（b)弯绞导线；（c)紧固螺母；（d)剪切导线；（e)侧切钢丝

1—钳头；　2—钳柄；　3—钳口；　4—齿口；　5—刀口；　6—铡口；　7—绝缘套

3. 尖嘴钳

尖嘴钳的头部尖细，适用于在狭小的空间操作，其外形如图 1－4－10 所示。钳头用于夹持较小螺钉、垫圈、导线和把导线端头弯曲成所需形状，小刀口用于剪断细小的导线、金属丝等。尖嘴钳规格通常按其全长分为 130mm，160mm，180mm，200mm 4 种。

尖嘴钳手柄套有绝缘耐压 500V 的绝缘套。使用注意事项如钢丝钳注意事项相同。

4. 螺丝刀

螺丝刀又称起子或改锥，是用来紧固或拆卸带槽螺钉的常用工具。按头部形状可分为一字形和十字形两种。如图 1－4－11 所示。正确的使用方法如图 1－4－12 所示。使用螺丝刀时的注意事项：

(1)电工不可使用金属杆直通柄顶的螺丝刀，以避免触电事故的发生。

(2)用螺丝刀拆卸或紧固带电螺栓时，手不得触及螺丝刀的金属杆，以免发生触电事故。

(3)为避免螺丝刀的金属杆触及带电体时手指碰触金属杆，电工用螺丝刀应在螺丝刀金属杆上穿套绝缘管。

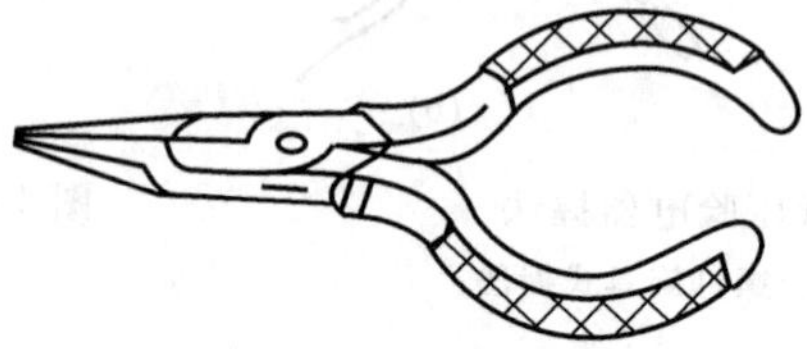

图 1－4－10　尖嘴钳

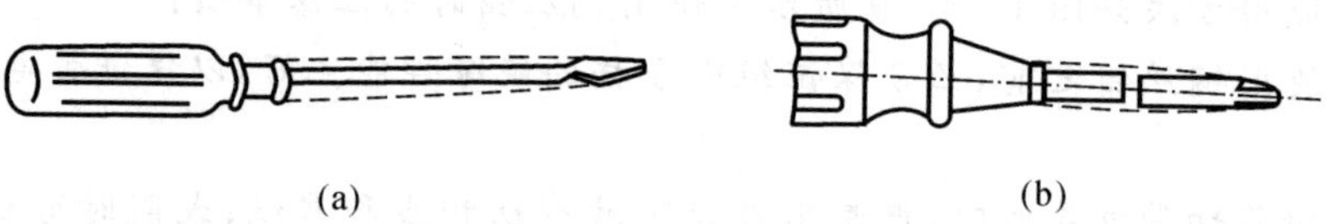

图 1－4－11　螺丝刀

(a)一字形；(b)十字形

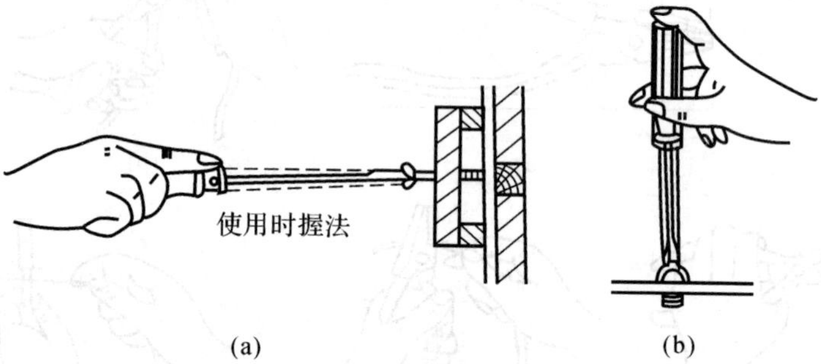

图 1－4－12　螺丝刀的使用

(a)大螺丝钉螺丝刀的用法；(b)小螺丝钉螺丝刀的用法

5. 电工刀的使用及安全常识

使用电工刀时，刀口应朝外部切削，切忌面向人体切削。剖削导线绝缘层时，应使刀面与导线成较小的锐角，以避免割伤线芯。电工刀刀柄无绝缘保护，不能接触或剖削带电导线及器件。新电工刀刀口较钝，应先开启刀口然后再使用。电工刀使用后应随即将刀身折进刀柄，注意避免伤手。电工刀如图 1－4－13 所示。

6. 剥线钳

剥线钳用来剥削直径 3mm 及以下绝缘导线的塑料或橡胶绝缘层，其外形如图 1－4－14 所示。它由钳口和手柄两部分组成。剥线钳钳口分有 0.5～3mm 的多个直径切口，用于不同规格线芯线直径相匹配，切口过大难以剥离绝缘层，切口过小会切断芯线。剥线钳也装有绝缘套。

7.手电钻

手电钻是一种头部装有钻头、内部装有单相电动机、靠旋转来钻孔的手持电动工具。它有普通电钻和冲击电钻两种。冲击电钻的外形如图 1－4－15 所示。

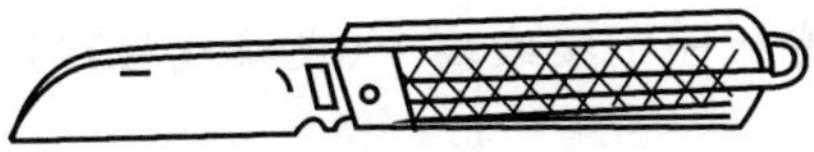

图 1－4－13　电工刀

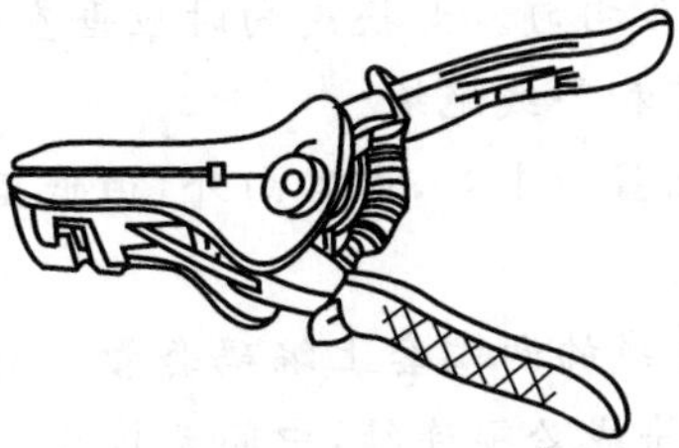

图 1－4－14　剥线钳

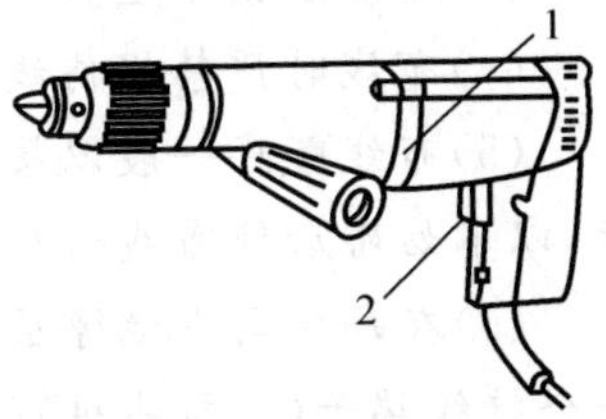

图 1－4－15　冲击钻

1—锤、钻调节开关；2—电源开关

器件安装工艺要求

(1)接触器安装应垂直于安装面，安装孔用螺丝应加弹簧垫圈和平垫圈。安装倾斜度不超过 5°，否则会影响接触器的动作特性。接触器散热孔置垂直方向上，四周留有适当空间。安装和接线时，注意不要将螺丝、螺母或线头等杂物落入接触器内部。以防人为造成接触器不能正常工作或烧毁的结果。

(2)按布置图在控制板上安装电器元件，断路器、熔断器的受电端子应安装在控制板的外侧，并确保熔断器的受电端为底座的中心端。

(3)各元件的安装位置应整齐、匀称，间距合理，便于元件的更换。

(4)紧固各元件时，用力要均匀，紧固程度适当。在紧固熔断器、接触器等易碎元件时，应该用手按住元件一边轻轻摇动，一边用旋具轮换旋紧对角线上的螺钉，直到手摇不动后，再适当加紧旋紧些即可。

3.实施工序三：板前配线

(1)按图 1－1－3 所示接线原理图进行板前接线。

(2)自检接线质量。根据表 1－4－6 接线质量自检表内容进行自检，并将结果填入表内。

表 1－4－6　接线质量自检表

序号	检查项目	检查内容	检查结果
1	布线工艺	接点是否有松动、漏铜过长、反圈现象	
		走线工艺是否符合要求，有无交叉现象	
		是否有损伤导线绝缘或线芯现象	
2	接线正确性	是否照接线图接线	

小贴士

板前明线布线工艺要求

布线时，应符合平直、整齐、紧贴敷设面、走线合理及接点不得松动等要求。其原则是：

(1)布线通道要尽可能少，同路并行导线按主、控电路分类集中，单层密排，紧贴安装面布线。

(2)同一平面的导线应高低一致或前后一致，不能交叉。非交叉不可时，该根导线应在接线端子引出时就水平架空跨越，且必须走线合理。

(3)布线应横平竖直，分布均匀。变换走向时应垂直转向。

(4)布线时严禁损伤线芯和导线绝缘。

(5)布线顺序一般以接触器为中心，由里向外，由低至高，先控制电路，后主电路的顺序进行，以不妨碍后续布线为原则。

(6)在每根剥去绝缘层导线的两端套上编码套管。所有从一个接线端子(或接线桩)到另一个接线端子(或接线桩)的导线必须连续，中间无接头。

(7)导线与接线端子或接线桩连接时，不得压绝缘层、不反圈及不露铜过长。同一元件、同一回路的不同接点的导线间距离应保持一致。

(8)一个电器元件接线端子上的连接导线不得多于两根，每节接线端子板上的连接导线一般只允许连接一根。

4. 实施工序四：线路调试

(1)通电前的准备。根据表 1－4－7 做好通电前线路和设备的检测工作，并将结果填入表中。

表 1－4－7　通电前准备情况记录表

序号	准备项目	准备内容	是否合格
1	接线正确性	电源相序为正相序	
2	接地线连接	电动机、控制开关的金属外壳接地	
3	绝缘电阻检测	线路绝缘电阻检测值为 1MΩ	
4	电动机检测	电动机机械检查转子转动灵活	
		电气检测定子绕组绝缘电阻不小 0.5MΩ	
		电动机使用电源电压和接法必须与铭牌规定一致	

小词典

三相交流电源相序

(1)相序。3 个交流电动势到达最大值(或零)的先后次序，称为三相交流电的相序。

(2)正相序。3 个交流电动势按 U→V→W→U 的次序循环，称为三相交流电的正相序。

(3)逆相序(或反相序)。三个交流电动势按 U→W→V→U 的次序循环，称为三相交流电的逆相序(或反相序)。

兆欧表的使用

绝缘电阻是电气设备最基本的性能指标，绝缘电阻是兆欧级的电阻，而且要求在较高的电压下进行测量。兆欧表又称摇表，是用来测量电气设备和线路绝缘电阻的专用仪表。

(1)兆欧表的选测。根据被测对象选用不同的电压等级，额定电压500 V以下的线路或设备应采用500 V或1 000 V的兆欧表；测量500 V以上的线路或设备应采用1 000 V或2 500 V的兆欧表；测量10 kV及10 kV以上的线路或设备应采用2 500 V的兆欧表。测量前兆欧表的检查，开路试验：将兆欧表保持水平位置，E端子和L端子开路，左手按住表身，右手摇动兆欧表摇柄，转速约120 r/min，指针应指在"∞"处，否则说明兆欧表有故障；短路试验：将E端子和L端子短接，慢慢转动摇把，指针应迅速摆向"0"，否则说明兆欧表有故障。注意：兆欧表不使用时，其指针可以停在任意位置；测量连接导线不得使用双股绝缘线。

(2)兆欧表的使用。测量前，应切断被测电器及回路的电源，并对相关元件进行临时接地放电，以保证人身与兆欧表的安全和测量结果准确。

测量时，必须正确接线。兆欧表共有3个接线端(L，E，G)。测量回路对地电阻时，L端与回路的裸露导体连接，E端连接接地线或金属外壳；测量回路的绝缘电阻时，回路的首端与尾端分别与L端、E端连接；测量电缆的绝缘电阻时，为防止电缆表面泄漏电流对测量精度产生影响，应将电缆的屏蔽层接至G端。兆欧表接线柱引出的测量软线绝缘应良好，两根导线之间和导线与地之间应保持适当距离，以免影响测量精度。摇动兆欧表时，不能用手接触兆欧表的接线柱和被测回路，以防触电。摇动兆欧表后，各接线柱之间不能短接，以免损坏。

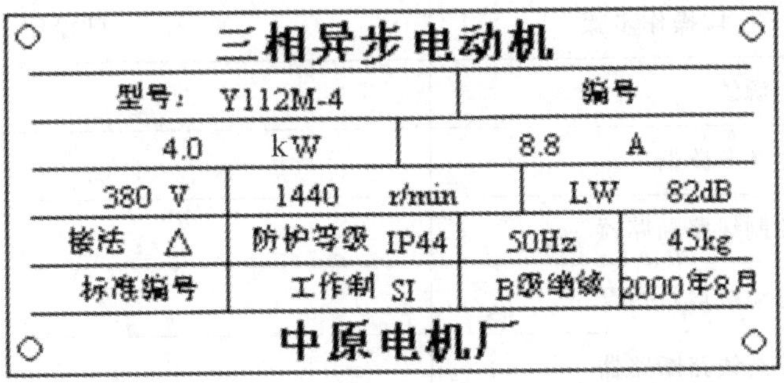

图1-4-16　三相异步电动机的铭牌数据

图1-4-16所示的铭牌中各数据的含义：

(1)型号。Y112M-4中"Y"表示Y系列鼠笼式异步电动机(YR表示绕线式异步电动机)，"112"表示电机的中心高为112mm，"M"表示中机座(L表示长机座，S表示短机座)，"4"表示磁极数为4极电机。

(2)额定功率。它是指额定运行条件下转轴上输出的机械功率：4.0 kW。

(3)额定电压。它是指电动机在额定运行状态下，电动机定子绕组上应加的线电压值：380V。

(4)额定电流。它是指电动机加以额定电压，在其轴上输出额定功率时，定子从电源取用的线电流值：8.8A。

(5)额定转速。它是指在额定负载下电动机转子转速，1440r/min。

(6)LW。它是指电动机的总噪声等级，LW值越小表示电动机运行的噪声越低：82dB。

(7)接法。它表示电动机在额定电压下，定子绕组的连接方式(星形联接或三角形联接)。当电压不变时，如将星形联接接为三角形联接，线圈的电压为原线圈的$\sqrt{3}$倍，这样电机线圈固电流过大而发热。如果把三角形联接的电机改为星形联接，电机线圈的电压为原线圈的$\frac{1}{\sqrt{3}}$倍，电动机的输出功率就会降低，Δ 接法；

(8)防护等级。它是指防止人体接触电机转动部分、电机内带电体和防止固体异物进入电机内的防护等级，防护标志 IP44 含义：IP——特征字母，为“国际防护”的缩写；44——4 级防固体（防止大于 1mm 固体进入电机）；4 级防水（任何方向溅水应无害影响）；防护等级为 IP44。

(9)额定频率。指电动机在额定运行状态下，定子绕组所接电源的频率，叫额定频率。我国规定的额定频率为 50 Hz。

(10)工作制。它是指电动机的运行方式。一般分为“连续”（代号为 S1）、“短时”（代号为 S2）、“断续”（代号为 S3），S1。

(11)绝缘等级。它是指电动机允许的最高工作温度，（Y 级为 90℃，A 级为 105℃，E 级为 120℃，B 级为 130℃，F 级为 155℃，H 级为 180℃，C 级为＞180℃），B 级。

(2)通电试车。根据表 1-4-8 通电试车操作步骤进行通电试车，并将操作过程填写入表中。

表 1-4-8　通电试车操作步骤表

序　号	应操作步骤	已操作
1	连接电源线	
2	合上电源断路器	
3	合上控制线路断路器	
4	观察电动机运行情况	
5	断开控制线路断路器	
6	断开电源断路器	
7	断开电源线	

注：观察电动机运行情况，应从电动机的旋转方向是否正确、转子旋转是否有力、运行声音是否正常三个方面来观察。

引导问题 1-4-1　通电操作有哪些安全操作规定？

小贴士

通电试车工艺要求

(1)为保证人身安全，在通电校验时，要认真执行安全操作规程的有关规定，一人监护，一人操作。校验前，应检查与通电核验有关的电气设备是否有不安全的因素存在，若查出应立即整改，然后方能试车。

(2)通电试车前，必须征得教师的同意，并由指导老师接通三相电源 L1，L2，L3，同时在现场监护。学生合上电源开关 QF 后，检查熔断器出线端，是否有电压。按下 SB，观察接触器情况是否正常，是否符合线路功能要求，电器元件的动作是否灵活，有无卡阻及噪声过大等现象，电动机运行情况是否正常等。但不得对线路接线是否正确进行带电检查。观察过程中，若发现有异常现象，应立即停车。

(3)试车成功率以通电后第一次按下按钮时计算。

(4)如出现故障后，学生应独立进行检修。若需带电检查时，老师必须在现场监护。检修完毕后，如需要再次试车，老师也应该在现场监护，并做好时间记录。

(5)通电校验完毕，切断电源。

(3)按6S管理要求清理现场。即对现场进行整理、整顿、清扫、清洁，注意素养和安全。

小贴士

车间6S管理制度

1. 整理

(1)通道畅通、整洁。

(2)工作场所的设备、物料堆放整齐，不放置不必要的东西。

(3)办公桌上、抽屉内办公物品归类放置整齐。

(4)料架的物品摆放整齐。

2. 整顿

(1)机器设备定期保养并有设备保养卡，摆放整齐，处于最佳状态。

(2)工具定位放置，定期保养。

(3)零部件定位摆放，有统一标识，一目了然。

(4)工具、模具明确定位，标识明确，取用方便。

(5)车间各区域有6S责任区及责任人。

3. 清扫

(1)保持通道干净、作业场所东西存放整齐，地面无任何杂物。

(2)办公桌、工作台面以及四周环境整洁。

(3)窗、墙壁、天花板干净整洁。

(4)工具、机械、机台随时清理。

4. 清洁

(1)通道作业台划分清楚，通道顺畅。

(2)每天上、下班前5 min做“6S”工作。

(3)对不符合的情况及时纠正。

(4)保持整理、整顿、清扫成果并改进。

5. 素养

(1)员工戴厂牌。

(2)穿厂服且清洁得体，仪容整齐大方。

(3)员工言谈举止文明有礼，对人热情大方。

(4)员工工作精神饱满。

(5)员工有团队精神，互帮互助，积极参加“6S”活动，时间观念强。

6. 安全

(1)重点危险区域有安全警示牌。

(2)遵守安全操作规程,保障生产正常进行,不损坏公物。

(3)班前不酗酒,不在禁烟区内吸烟。

三、任务完成评价

以个人为单位,展示个人安装成果。根据表 1－4－9 评分标准进行评分。

表 1－4－9 评分表

评价内容		分值	评分		
			自我评价	小组评价	教师评价
器件选测	器件型号规格选择正确	10			
	器件好坏检测正确				
器件安装	安装方法、步骤正确,符合工艺要求	10			
	元器件安装牢固、合理、整齐				
板前布线	按电路图正确接线	40			
	布线方法、步骤正确,符合工艺要求				
	布线横平竖直,整洁有序,接线紧固美观				
	电源和电动机按钮正确接到端子排上,并准确注明引出端子号				
	接点牢固、接头漏铜长度适中,无反圈、压绝缘层、标记号不清楚、遗漏或误标等问题				
	施工中导线绝缘层或线芯无损伤				
线路调试	主回路调试	30			
	控制回路调试				
	设备正常运转无故障或出现故障正确排除				
安全文明生产	遵守安全文明生产规程	10			
	施工完成后认真清理现场				
施工额定用时 120min　实际用时________　超时扣分:					
合计					
实施综合评价等级 (D＜60 分　60＜C＜80　80＜B＜90　90＜A)					

学习活动五　考评与总结

学习过程

以小组形式，完成对学习过程的综合评价，对学习过程和实训成果进行汇报总结。

一、任务考核与评价

1. 技能考核

采用小组成员分工合作，课赛制进行课题技能考核填于表 1－5－1 中。

表 1－5－1　技能考核与评价标准

评分内容	配　分	评价标准	扣分情况	得　分
运行成功率	40 分	接线正确，通电后电动机运转成功	1. 电动机不能正常转动或不能停止，扣 10 分； 2. 电动机不能实现正转，扣 5 分； 3. 电动机不能实现互锁，扣 5 分； 4. 短路，扣 20 分	
挂件	20 分	安装元器件，符合工艺要求	1. 选择元器件及检查 5 分； 2. 元器件安装美观度 5 分； 3. 元器件安装可靠性 5 分； 4. 元器件安装合理性 5 分	
布线	20 分	布线整齐、美观，导线用量合理，符合工艺要求	1. 选线准确 2 分； 2. 布线交叉情况 3 分； 3. 接触良好 3 分； 4. 总体美观，用线量合理 10 分	
安全试车	10 分	操作安全规范，对存在的故障能独立自行排除。	1. 存在故障找不出原因或不能排除的根据故障情况适当扣分； 2. 没有遵守安全操作规范通电试车的扣 10 分	
工时	10 分	按规定工时	每超过 15min 扣 2 分	
考核项目	手动正转线路安装与运行			
小组分工				
考核			合计总分	
综合评价等级				
(D＜60 分　60＜C＜80　80＜B＜90　90＜A)				

2. 综合评价（知识、技能、素养）

根据课题完成过程中，学生的综合表现进行自我、小组、教师评价，并填于表 1－5－2 中。

表 1-5-2　综合评价表

评价项目	评价内容		评价标准	评价方式		
				自我评价	小组评价	教师评价
职业素养	过程化考核	安全意识、责任意识	A 作风严谨、自觉遵章守纪、出色完成工作任务； B 能够遵守规章制度、较好完成工作任务； C 遵守规章制度、没完成工作任务或完成工作任务、但忽视规章制度； D 不遵守规章制度、没完成工作任务			
		学习态度、主动性	A 积极参与教学活动，全勤； B 缺勤达本任务总学时的 10%； C 缺勤达本任务总学时的 20%； D 缺勤达本任务总学时的 30%			
		团队合作意识	A 与同学协作融洽、团队合作意识强； B 与同学能沟通、协同工作能力较强； C 与同学能沟通、协同工作能力一般； D 与同学沟通困难、协同工作能力较差			
职业技能		工序一评价	A 不仅自己熟练掌握技能要求，还能辅导他人； B 已熟练掌握技能要领，并完全达到要求； C 初步掌握技能要领，能独立操作但不熟练； D 正在学习技能与要求，但不能独立操作			
		工序二评价	A 不仅自己熟练掌握技能要求，还能辅导他人； B 已熟练掌握技能要领，并完全达到要求； C 初步掌握技能要领，能独立操作但不熟练； D 正在学习技能与要求，但不能独立操作			
		工序三评价	A 不仅自己熟练掌握技能要求，还能辅导他人； B 已熟练掌握技能要领，并完全达到要求； C 初步掌握技能要领，能独立操作但不熟练； D 正在学习技能与要求，但不能独立操作			
		工序四评价	A 不仅自己熟练掌握技能要求，还能辅导他人； B 已熟练掌握技能要领，并完全达到要求； C 初步掌握技能要领，能独立操作但不熟练； D 正在学习技能与要求，但不能独立操作			
	终结考核	知识与技能	A 评价成绩为 90～100 分； B 评价成绩为 75～89 分； C 评价成绩为 60～75 分； D 评价成绩为 0～60 分			

续 表

<table>
<tr><td rowspan="2">评价项目</td><td rowspan="2">评价内容</td><td rowspan="2" colspan="2">评价标准</td><td colspan="3">评价方式</td></tr>
<tr><td>自我评价</td><td>小组评价</td><td>教师评价</td></tr>
<tr><td colspan="2">学生签名</td><td></td><td>综合评价等级</td><td colspan="3"></td></tr>
<tr><td colspan="2">综合评价建议</td><td colspan="5"></td></tr>
<tr><td colspan="2">指导教师</td><td></td><td>日期</td><td colspan="3"></td></tr>
</table>

二、工作总结

1. 学生总结

以小组为单位，选择演示文稿、展板、海报、录像等形式中的一种或几种，向全班展示、汇报学习成果，并将交流记录于表 1－5－3 中。

表 1－5－3　经验交流记录表

<table>
<tr><td colspan="2">业务实施过程</td><td colspan="2">持续改进、行动计划</td><td>学习与工作宝贵经验</td></tr>
<tr><td>提出人</td><td>过程记录</td><td>提出人</td><td>改进记录</td><td>经验记录</td></tr>
<tr><td></td><td></td><td></td><td></td><td></td></tr>
</table>

2. 教师点评与总结

本课题主要是给学生一个职业感知，一是使学生对本课程所学的知识技能有初步的了解；二是加强学生对企业的文化和制度以及专业规范要求的解读。

任务二　三相笼型异步电动机点动、自锁、正转控制线路安装与运行(多地)

学习目标

知识目标	·熟悉交流接触器、热继电器、按钮的工作原理、图形符号 ·掌握三相笼型异步电动机点动、自锁正转控制线路工作原理 ·掌握多地控制线路工作原理
技能目标	·能正确识别、安装、使用交流接触器、热继电器、按钮 ·能正确拆装交流接触器 ·能正确熟练地按工艺要求安装、调试点动、接触器自锁及连续与点动混合正转控制线路 ·能正确熟练地安装、调试两地控制接触器自锁正转控制线路
素养目标	·能根据行业规范正确穿戴劳保用品,按照"6S"管理规定,整理工具,清理施工现场

情景描述

工地上搅拌机的控制,工厂里行吊的控制,都是通过按钮进行的。下面我们来学习怎样用接触器、按钮来实现电动机的运行、停止。

实施流程

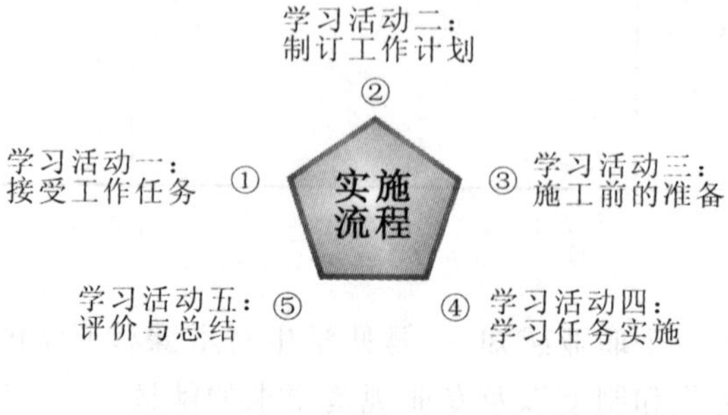

学习活动一　接受工作任务

一、讨论情景描述中电动机的控制电器

引导问题 2-1-1

通过对图 2-1-1 中搅拌机控制器件的识别,你认识哪些?

引导问题 2-1-2

接触器控制电动机单向正转控制接线实物图如图 2-1-2 所示。

小词典

接触器

接触器是用来频繁接通或分断电动机主电路或其他负载电路的控制电器。用它可以实现远距离自动控制。由于它结构紧凑、价格低廉、工作可靠、维护方便,因而用途十分广泛,是用量最大、应用面最宽的电器之一。

1. 接触器的用途及分类

接触器最主要的用途是控制电动机的启动、反转、制动和调速等,因此它是电力拖动控制系统中最重要也是最常用的控制电器之一。它具有低电压释放保护功能。它具有比工作电流大数倍乃至十几倍的接通和分断能力,但不能分断短路电流。它是一种执行电器,即使在先进的可编程控制器应用系统中,它一般也不能被取代。

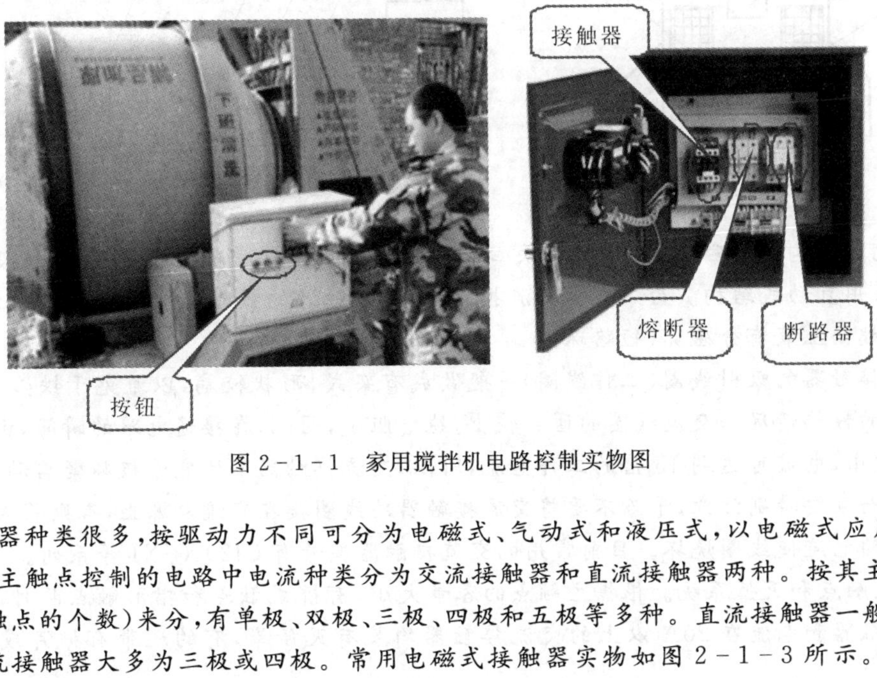

图 2-1-1　家用搅拌机电路控制实物图

接触器种类很多,按驱动力不同可分为电磁式、气动式和液压式,以电磁式应用最广泛。按接触器主触点控制的电路中电流种类分为交流接触器和直流接触器两种。按其主触点的极数(即主触点的个数)来分,有单极、双极、三极、四极和五极等多种。直流接触器一般为单极或双极;交流接触器大多为三极或四极。常用电磁式接触器实物如图 2-1-3 所示。下面主要

介绍电磁式接触器。

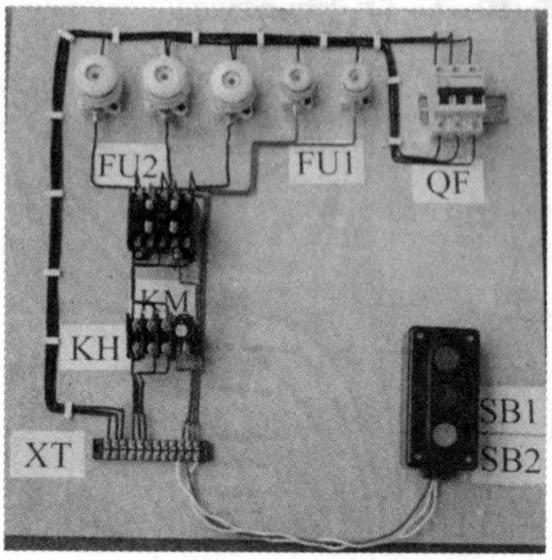

图 2-1-2　电动机单向正转控制接线实物图

图 2-1-3　接触器的实物图

2. 接触器的结构原理

交流接触器和直流接触器结构相似，由电磁机构、主触点和灭弧系统、辅助触点、反力装置、支架和底座五个部分组成。交流接触器的结构剖面示意图如图 2-1-4 所示。接触器图形符号如图 2-1-5 所示，文字符号用 KM 表示。

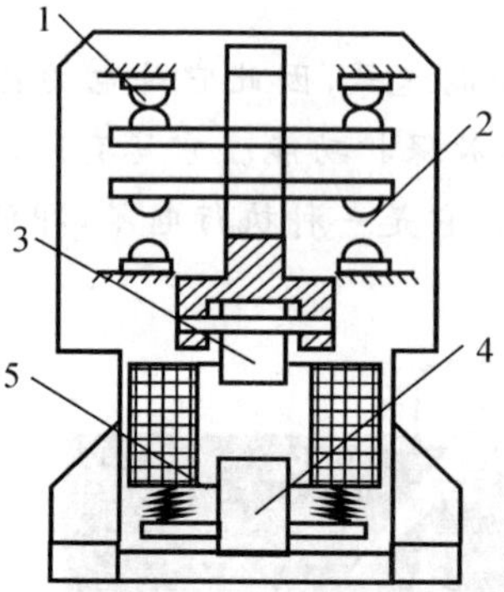

图 2-1-4　接触器的结构剖面示意图

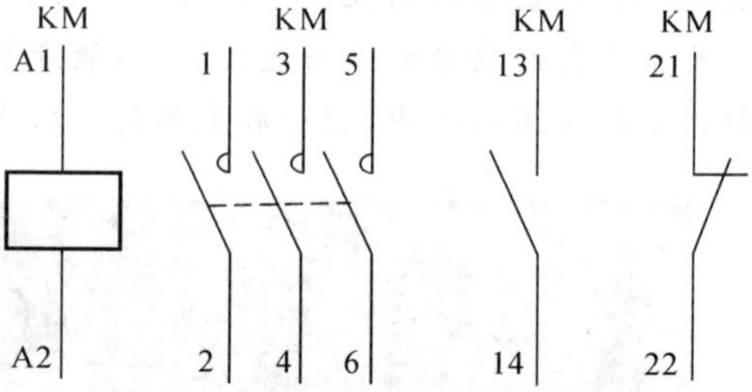

图 2-1-5　接触器的图形符号

(1)电磁机构。电磁机构由线圈、铁心和衔铁组成。小容量接触器的铁心一般都为双 E 形，衔铁采用直动式结构。为了减少涡流损耗，交流接触器的铁心都要用硅钢片叠铆而成，并在铁心的端面上装有分磁环(短路环)。

交流接触器的吸引线圈(工作线圈)一般做成有架式，形状较扁，以避免于铁心直接接触，改善线圈的散热情况。交流线圈的匝数较少，纯电阻小，因此，在接通电路的瞬间，由于铁心气隙大，电抗小，电流可达到 15 倍的工作电流，所以，交流接触器不适宜于极频繁启动、停止的工作场合。而且要特别注意，千万不要将交流接触器的线圈接在直流电源上，否则将因电阻小而流过很大的电流使线圈烧坏。目前常用的交流接触器型号有 CJ20，CJX1 等系列。

(2)主触点和灭弧系统。根据主触点的容量大小，有桥式触点和指形触点两种结构形式，且直流接触器和电流在 20A 以上的交流接触器均装有灭弧罩，有的还带有栅片或磁吹灭弧装置。

为使触头接触时导电性能好、接触电阻小,触头常用铜、银及其合金制成。但是在铜的表面上易于产生氧化膜,并且在断开和接通处,电弧常易将触头烧损,造成接触不良。因此,大容量的接触器,其触头常采用滚动接触的指形触点形式。

(3)辅助触点。接触器中有两类辅助触点:一类是动合(常开)触点。所谓动合触点,就是当接触器线圈内通有电流时触点闭合,而线圈断电时触点断开。另一类是动断(常闭)触点,即线圈通电时触点断开,而线圈断电时触点闭合。辅助触点在结构上均为桥式双断点形式,其容量较小。接触器安装辅助触点的目的是使其在控制电路中起联动作用,用于和接触器相关的逻辑控制。辅助触点不设灭弧装置,所以它不能用来分合大电流的主电路。

(4)反力装置。该装置由复位弹簧和触点弹簧组成,且它们均不能进行弹簧松紧的调节。

(5)支架和底座。它用于接触器的固定和安装。当接触器线圈通后,在铁心中产生磁通。由此在衔铁气隙处产生吸力,使衔铁产生闭合动作,主触点在衔铁的带动下闭合,辅助常开触点也同时闭合,而原来闭合的辅助常闭触点断开。当线圈断电或电压降低至极限时,吸力消失或减弱,衔铁在复位弹簧作用下被打开,主、辅触点又恢复到初始状态。这就是接触器的工作原理。直流接触器的结构和工作原理与交流接触器基本相同,主要用以控制直流电路。

3.接触器的主要技术参数

(1)额定电压。接触器铭牌上标注的额定电压是指主触点的额定电压。常用的电压等级有:

直流接触器:110V,220V,440V,660V。

交流接触器:127V,220V,380V,500V,660V。

(2)额定电流。接触器铭牌上标注的额定电流是指主触点的额定电流。常用的电流等级有:

直流接触器:5A,10A,20A,40A,60A,100A,150A,250A,400A,600A。

交流接触器:5A,10A,20A,40A,60A,100A,150A,250A,400A,600A。

上述电流是指接触器安装在敞开式的控制屏上,触点工作时不超过额定温升,负载为间断—长期工作制时的电流值。所谓间断—长期工作制是指连续接通时间不超过 8 小时。

如果实际情况不能满足上述条件,则电流值要留有余量或作相应处理。当接触器安装在无强迫风冷的箱柜内时,电流要降低 10%~20%使用。当接触器工作于长期工作制时,若超过 8 小时,则必须空载开合 3 次以上,以消除表面氧化膜。

(3)线圈的额定电压。接触器线圈的额定电压常用的电压等级有:

直流线圈:24V,48V,110V,220V,440V。

交流线圈:36V,127V,220V,380V。

一般情况下,交流负载选用交流线圈的交流接触器,直流负载选用直流线圈的直流接触器,但交流负载频繁动作时应选用直流线圈的交流接触器。

按规定,在接触器线圈已经发热稳定时,加上 85%的额定电压,衔铁应可靠的吸合。而如果工作中电压过低或消失,衔铁应可靠的释放。

(4)额定操作频率。额定操作频率是指每小时通断次数。根据型号和性能的不同而不同,交流线圈接触器最高操作频率为 600 次/h,直流线圈接触器最高操作频率为 1500 次/h。

操作频率直接影响到接触器的使用寿命,还会影响到交流线圈接触器的线圈温升。正常使用情况下,接触器的电气寿命为 50~100 万次,机械寿命可达 500~1000 万次。

热继电器

热继电器是利用流过继电器的电流所产生的热效应而反时限动作的自动保护电器。所谓反时限动作，是指电器的延时动作时间随通过电路电流的增加而缩短。热继电器主要与接触器配合使用，用作电动机的过载保护、断相保护、电流不平衡运行的保护及其他电气设备发热状态的控制。

热继电器的形式有多种，其中双金属片式应用最多。按极数划分有单极、两极和三极三种，其中三极的又包括带断相保护装置和不带断相保护装置两种；按复位方式划分有自动复位式和手动复位式两种。

图 2-1-6 所示为目前我国在生产中常用的热继电器的外形图，他们均为双金属片式。每一系列的热继电器一般只能和相适应系列的接触器配套使用，如 JR36 系列热继电器与 CJT1 系列接触器配套使用，JR20 系列热继电器与 CJ20 系列接触器配套使用，T 系列热继电器与 B 系列接触器配套使用，3UA 系列热继电器与 3TB，3TF，系列接触器配套使用等。

(a)　　(b)　　(c)　　(d)

图 2-1-6　热过载继电器

(a)JR36 系列；　(b)JR20 系列；　(c)T 系列；　(d)JRS2(3UA)系列

1. 热继电器的结构和工作原理

(1)结构。图 2-1-7 所示为两极双金属片热继电器的结构，它主要由热元件、传动机构、常闭触头、电流整定装置和复位按钮组成。热继电器的热元件由主双金属片和绕在外面的电阻丝组成。主双金属片由两种热膨胀系数不同的金属片复合而成。

(2)工作原理。热继电器使用时，需要将热元件串联在主电路中，常闭触头串联在控制电路中，如图 2-1-8 所示。当电动机过载时，流过电阻丝的电流超过热继电器的整定电流，电阻丝发热增多，温度升高，由于两块金属片的热膨胀程度不同而使主双金属片向右弯曲，通过传动机构推动常闭触头断开，分断控制电路，再通过接触器切断主电路，实现对电动机的过载保护。电源切除后，主双金属片逐渐冷却恢复原位。热继电器的复位机构有手动复位和自动复位两种形式，可根据使用要求通过复位调节螺钉来自由选择。一般自动复位时间不大于 5 min，手动复位时间不大于 2 min。

热继电器的整定电流是指热继电器连续工作而不动作的最大电流。其大小可通过旋转电流整定旋钮来调节。超过整定电流，热继电器将在负载未达到其允许的过载极限之前动作。

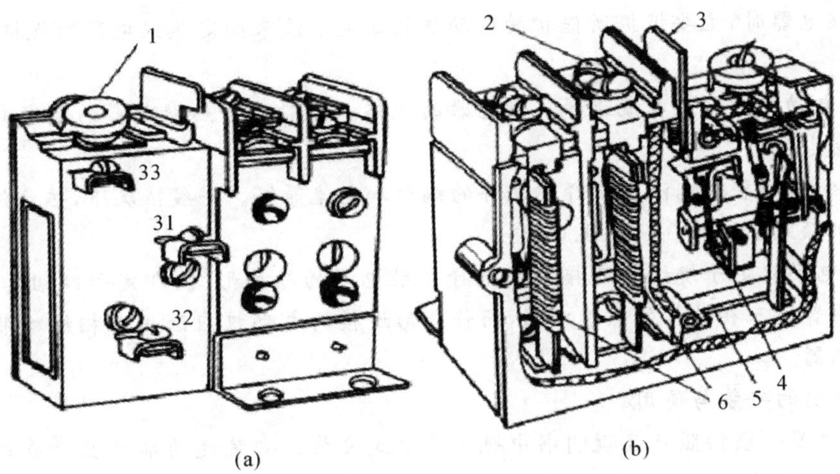

图 2-1-7　两极双金属片热继电器

(a)外形；(b)结构图

1—电流整定装置；2—主电路接线柱；3—复位按钮；4—常闭触头；
5—动作机构；6—热元件；31—常闭触头接线柱；32—公共动触头接线柱；33—常开触接线柱

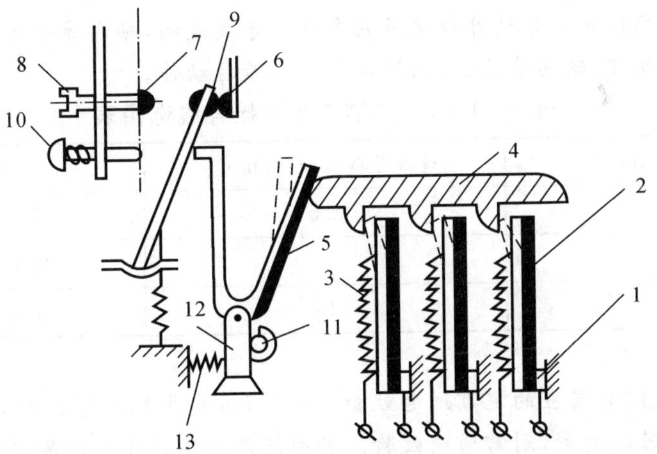

图 2-1-8　两极双金属片热继电器原理图

1—接线端子；2—主双金属片；3—热元件；4—推动导板；5—补偿双金属片；6—常闭触头；
7—常开触头；8—复位调节螺钉；9—动触头；10—复位按钮；11—偏心轮；12—支撑件；13—弹簧

热继电器在电路图中的符号如图 2-1-9 所示。

实践证明，三相异步电动机的缺相运行时导致电动机过热烧毁的主要原因之一。对定子绕组接成 Y 形的电动机，普通两极或三极结构的热继电器均能实现断相保护。而定子绕组接成△形的电动机，必须采用三极带断相保护装置的热继电器，才能实现断相保护。

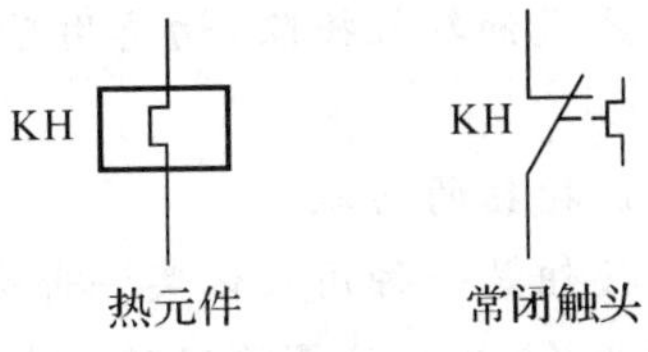

图 2-1-9　热继电器符号

2. 热继电器的选用

选择热继电器时，主要根据所保护的电动机的额定电流来确定热继电器的规格和热元件的电流等级。

(1)根据电动机的额定电流选择热继电器的规格。一般应使热继电器的额定电流略大于电动机的额定电流。

(2)根据需要的整定电流值选择热元件的编号和电流等级。一般情况下，热元件的整定电流应为电动机额定电流的 0.95～1.05 倍。

(3)根据电动机定子绕组的连接方式选择热继电器的结构形式，即定子绕组作 Y 形连接的电动机选用普通三相结构的热继电器，而作△形连接的电动机应选用三相结构带断相保护装置的热继电器。

3. 热继电器的安装与使用

(1)热继电器必须按照产品说明书中规定的方式安装。安装处的环境温度应与电动机所处环境温度基本相同。当与其他电器安装在一起时，应注意将热继电器安装在其他电器的下方，以免其动作特性受到其他电器发热的影响。

(2)安装时，应清除触头表面尘污，以免因接触电阻过大或电路不通而影响热继电器的动作性能。

(3)热继电器出线端的连接导线，应按表 2-1-1 的规定选用。这是因为导线的粗细和材料将影响到热元件端接点传导到外部热量的多少。导线过细，轴向导热性差，热继电器可能提前动作；反之，导线过粗，轴向导热快，热继电器可能滞后动作。

表 2-1-1 热继电器连接导线选用表

热继电器额定电流/A	连接导线截面积/mm^2	连接导线种类
10	2.5	单股铜芯塑料线
20	4	单股铜芯塑料线
60	16	多股铜芯橡皮线

(4)使用中的热继电器应的定期通电效验。此外，当发生短路事故后，应检查热元件是否已发生永久变形。若已变形，则需通电效验。若因热元件变形或其他原因致使动作不准确时，只能调整其可调部件，而绝不能弯折热元件。

(5)热继电器在出厂时均调整为手动复位方式，如果需要自动复位，只要将复位螺钉沿顺时针方向旋转 3～4 圈，并稍微拧紧即可。

(6)热继电器在使用中，应定期用布擦净尘埃和灰垢，若发现双金属片上有锈斑，应用清洁棉布蘸汽油轻轻擦除，切忌用砂纸打磨。

按钮

1. 按钮的功能

按钮是一种用人体某一部分(一般为手指或手掌)施加力而操作、并且有弹簧储能复位的控制开关，是一种最常用的主令电器。按钮触头允许通过的电流较小，一般不超过 5A。因此，一般情况下，它不直接控制主电路(大电流电路)的通断，而是在控制电路(小电流电路)中发出指令或信号，控制接触器、继电器等电器，再由它们去控制主电路的通断、功能转换或电气联锁。图 2-1-10 所示为几款按钮的外形。

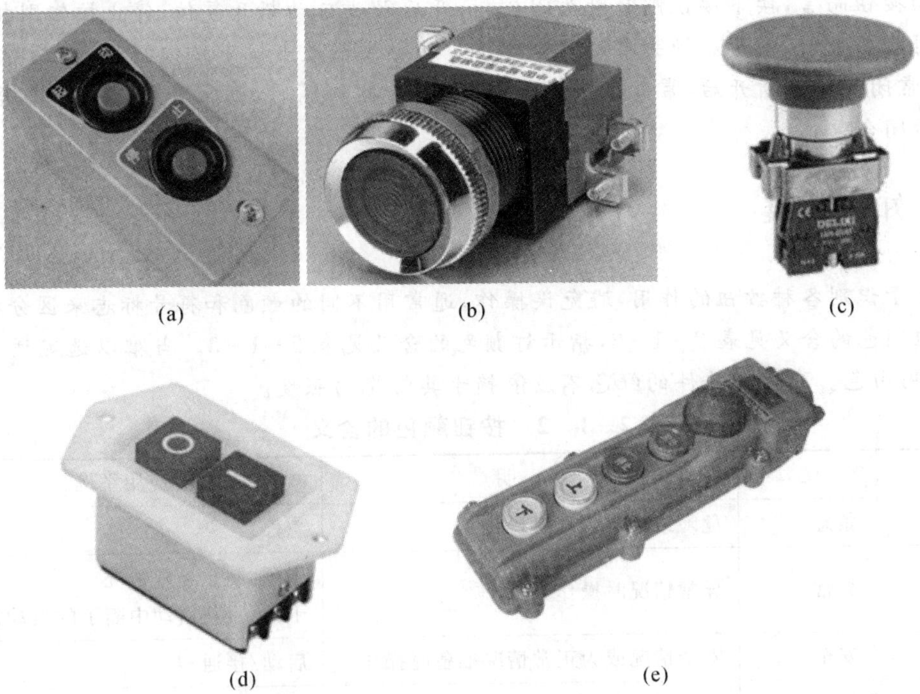

图 2-1-10　几款按钮的外形

(a)LA10 系列；(b)LA19 系列；(c)LAY5 系列；(d)BD 系列；(e)COB 系列

2. 按钮的结构原理与符号

按钮一般由按钮帽、复位弹簧、桥式动触头、静触头、支柱连杆及外壳等部分组成，按钮按不受外力作用(即静态)时触头的分合状态，分为启动按钮(即常开按钮)、停止按钮(即常闭按钮)和复合按钮(即常开、常闭触头组合为一体的按钮)，各种按钮的结构与符号如图 2-1-11 所示。

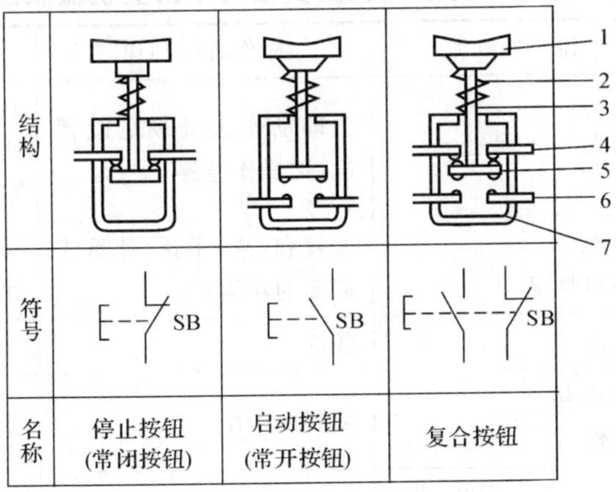

图 2-1-11　按钮的结构和符号

1—按钮帽；2—复位弹簧；3—支柱连杆；4—常闭静触头；5—桥式的触头；6—常开静触头；7—外壳

提示

对启动按钮而言，按下按钮帽时触头闭合，松开后触头自动断开复位；停止按钮则相反，按下按钮帽时触头分断，松开后触头自动闭合复位。复合按钮是当按下按钮帽时，桥式动触头向下运动，使常闭触头先断开后，常开触头才闭合；当松开按钮帽时，则常开触头先分断复位后，常闭触头后闭合复位。

知识拓展

为了便于识别各种按钮的作用，避免误操作，通常用不同的颜色和符号标志来区分按钮的作用。按钮颜色的含义见表 2-1-2，指示灯颜色的含义见表 2-1-3。当难以选定适当的颜色时，应使用白色。急停操作件的红色不应依赖于其灯光的照度。

表 2-1-2　按钮颜色的含义

颜　色	含　义	说　明	应用举例
红	紧急	危险或紧急情况时操作	急停
黄	异常	异常情况时操作	干预、制止异常情况 干预、重新启动中断了的自动循环
绿	安全	安全情况或为正常情况准备时操作	启动/接通
蓝	强制性的	要求强制动作情况下的操作	复位功能
白	未赋予特定含义	除急停以外的一般一般功能的启动	启动/接通(优先) 停止/断开
灰			启动/接通 停止/断开
黑			启动/接通(优先) 停止/断开

表 2-1-3　指示灯的颜色及其相对于工业机械状态的含义

颜　色	含　义	说　明	操作者的动作	应用事例
红	紧急	危险情况	立即动作去处理危险情况(如操作急停)	压力/温度超过安全极限 电压降落　击穿　行程超越停止位置
黄	异常	异常情况 紧急临界情况	监视和(或)干预(如重建需要的功能)	压力/温度超过正常限制保护器件脱扣
绿	正常	正常情况	任选	压力/温度在正常范围内
蓝	强制性	指示操作者 需要动作	强制性动作	指示输入预选值
白	无确定性质	其他情况，可用于红、黄、绿、蓝色的应用有疑问时	监视	一般信息

3.按钮的型号及含义

按钮的型号及含义如图 2-1-12 所示。

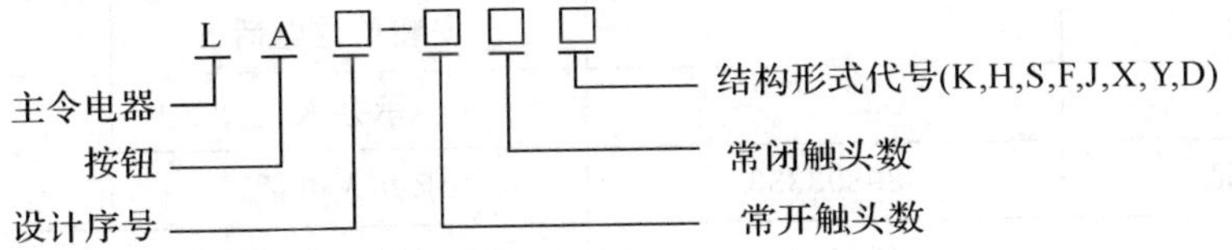

图 2-1-12　按钮型号及含义

其中结构形式代号的含义如下：

K——开启式，嵌装在操作面板上。

H——保护式，带保护外壳，可防止内部零件受机械损伤或人偶然触及带电部分。

S——防水式，具有密封外壳，可防止雨水入侵。

F——防腐式，能防止腐蚀性气体进入。

J——紧急式，带有红色大蘑菇钮头(突出在外)，作紧急切断电源用。

X——旋钮式，用旋钮旋转进行操作，可防止误操作或供专人操作。

Y——钥匙操作式，用钥匙插入进行操作，可防止误操作或供专人操作。

D——光标按钮，按钮内装有信号灯，兼作信号指示。

4.按钮的安装与使用

(1)按钮安装在面板上时，应布置整齐，排列合理，如根据电动机启动的先后顺序，从上到下或从左到右排列。

(2)同一机床运动部件有几种不同的工作状态时(如上、下，前、后，松、紧等)应使每一对相反状态的按钮安装在一组。

(3)按钮的安装应牢固，安装按钮的金属板或金属按钮盒必须可靠接地。

(4)按钮的触头间距较小，如有油污等极易发生短路故障，应注意保持触头间的清洁。

(5)光标按钮一般不宜用于长期通电显示的地方，以免塑料外壳过度受热而变形，使更换灯泡困难。

二、布置任务

1.任务单

安装工作任务单见表 2-1-4。

表 2-1-4　安装工作联系单

流水号：2011-01-038

类别：水□　电□　暖□　土建□　其他□　　　　日期：2012 年 2 月 28 日

安装地点	学校锅炉房		
安装项目	鼓风机的控制线路安装		
需求原因	烧锅炉需求		
申报时间	2012 年 2 月 28 日	完工时间	2012 年 3 月 5 日

续 表

申报单位	学校总务处	安装单位	电气工程系
验收意见		安装单位电话	89896666
验收人		承办人	
申报人电话	89893333	承办人电话	
总务处负责人	阳××	总务处负责人电话	89892222

引导问题 2-1-1

接触器控制鼓风机运行的工作原理？

三、鼓风机控制原理图

鼓风机控制原理图如图 2-1-13 所示。

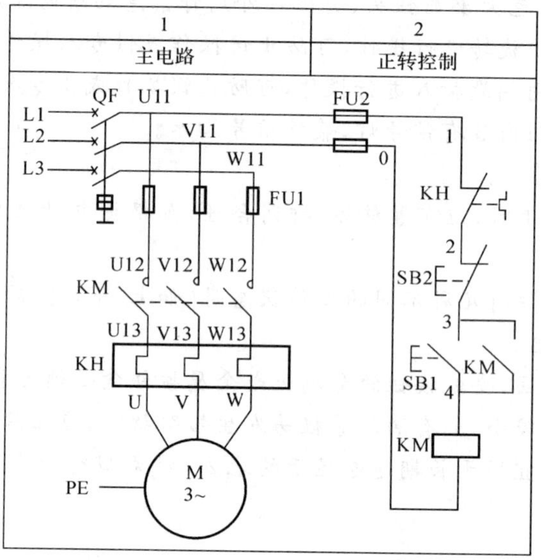

图 2-1-13 鼓风机控制原理图

小词典

1. 点动正转控制线路的原理

手动正转控制线路的优点是所用电器元件少，线路简单；缺点是操作劳动强度大，安全性差，且不便于实现远距离控制和自动控制。

图 2-1-14 所示为 CA6140 型车床，操作人员需要快速移动车床刀架时，只需按下按钮，刀架就能快速移动；松开按钮，刀架立即停止移动。刀架的快速移动采用的是一种点动控制线路，它是通过主令电器——按钮和自动控制电器——接触器来实现线路自动控制的。

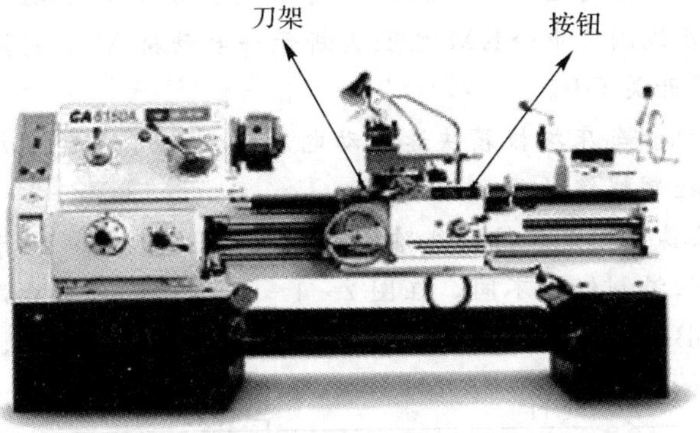

图 2-1-14　CA6140 型车床

按下按钮电动机就得电运转，松开按钮电动机就失电停转的控制方法，称为点动控制。图 2-1-15 为点动正转控制线路原理图，从图中可以看出，三相交流电源 L1,L2,L3 与低压断路器 QF 组成电源电路；熔断器 FU1、接触器 KM 主触头和三相异步电动机 M 构成主电路；熔断器 FU2、启动按钮 SB 和接触器 KM 的线圈组成控制电路。显然，合上低压断路器 QF，电动机 M 并不能得到启动运转，只有再按下启动按钮 SB，使接触器 KM 线圈通电，KM 主触头闭合，才能使电动机 M 得点启动运转。若松开 SB，KM 线圈失电，其主触头断开复位，电动机失电停转。可见，电动机的运转不再由低压开关手动直接控制，而由按钮、接触器配合实现自动控制。

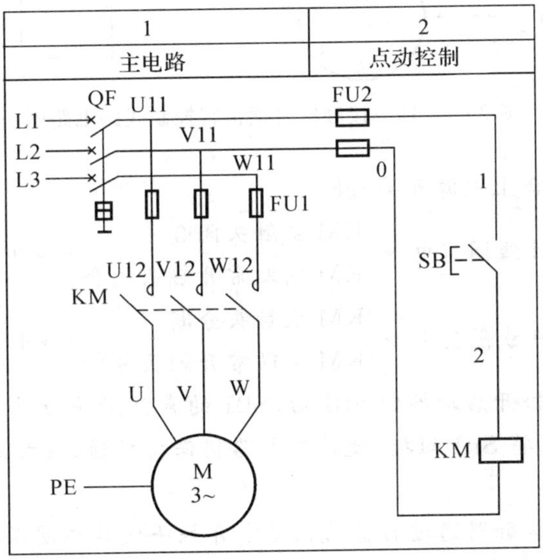

图 2-1-15　点动正转控制线路图

低压断路器 QF 作电源隔离开关；熔断器 FU1、FU2 分别作主电路、控制电路的短路保护；启动按钮 SB 控制接触器 KM 的线圈得电与失电；接触器 KM 的主触头控制电动机 M 的启动和停止。

根据电路图，点动正转控制线路的工作原理可叙述为：先合上电源开关 QF。

启动：按下 SB→KM 线圈得电→KM 主触头闭合→电动机 M 启动运转

停止：松开 SB→KM 线圈失电→KM 主触头断开→电动机 M 断电停转

使用完毕，断开电源开关 QF。

点动葫芦起重电动机和车床拖板箱快速移动电动机都采用的是点动控制方式。

2. 接触器自锁正转控制线路的原理

图 2-1-16 为接触器自锁正转控制线路的原理图，把图 2-1-15 和图 2-1-16 比较可知，线路的主电路相同，但控制线路不同。在图 2-1-16 所示的控制电路中，串接了一个停止按钮 SB2，在启动按钮 SB1 的两端并接了接触器 KM 的一对辅助常开触头。

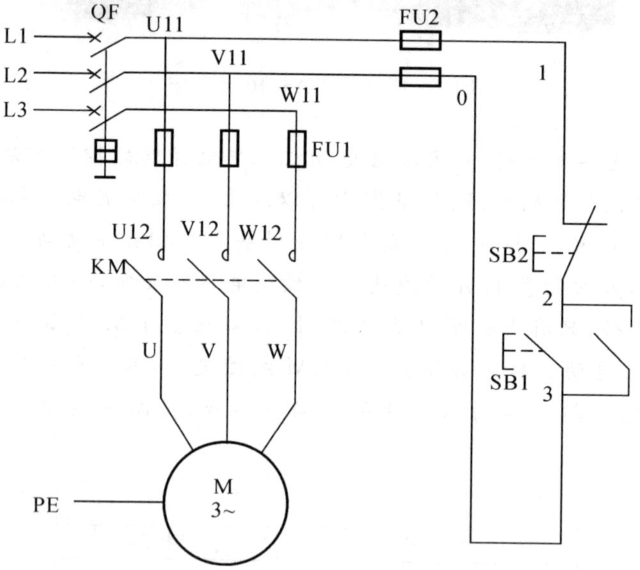

图 2-1-16　接触器自锁正转控制线路电路图

线路的工作原理：先合上电源开关 QF。

启动：按下 SB1→KM 线圈得电→{KM 主触头闭合；KM 辅助常开触头闭合}→电动机 M 启动连续运转

停止：按下 SB2→KM 线圈失电→{KM 主触头分断；KM 辅助常开触头分断}→电动机 M 失电停转

由以上分析可见，当松开启动按钮 SB1 后，SB1 的常开触头虽然恢复分断，但接触器 KM 的辅助常开触头闭合时已将 SB1 短接，使控制电路仍保持接通，接触器 KM 继续得电，电动机 M 实现了连续运转。

当启动按钮松开后，接触器通过自身的辅助常开触头使其线圈保持得电的作用叫做自锁。与启动按钮并联起自锁作用的辅助常开触头叫做自锁触头。图中 2-1-16 所示的控制线路称为接触器自锁控制线路。

思考

当按下图 2-1-16 中的停止按钮 SB2，电动机失电停转后，松开 SB2 其触头恢复闭合，电动机会不会自动重新启动？为什么？

答：在按下停止按钮 SB2 切断控制电路时，接触器 KM 失电，其自锁触头已分断解除了自锁，而这时 SB1 也是分断的，所以当松开 SB2 其常闭触头恢复闭合后，接触器也不会自行得电，电动机也就不会自行重新启动运转。

思考

在图 2-1-16 所示接触器自锁控制线路中，当电源电压降低到某一值时，发现电动机会自动停转，其原理是什么？若出现突然断电，恢复供电时电动机能否自行启动运转呢？

答：接触器自锁控制线路不但能使电动机连续运转，而且还具有欠压和失压(或零压)保护作用。

(1)欠压保护。欠压是指线路电压低于电动机应加的额定电压。欠压保护是指当线路电压下降到某一数值时，电动机能自动脱离电源停转，避免电动机欠压下运行的一种保护。

接触器自锁控制线路具有欠压保护作用。当线路电压下降到一定值(一般指低于额定电压的 85%)时，接触器线圈两端的电压也同样下降到此值，使接触器线圈磁通减弱，产生的电磁吸力减小。当电磁吸力减小到小于反作用弹簧的拉力时，动铁心被迫释放，主触头和自锁触头同时分断，自动切断主电路和控制电路，电动机失电停转，起到了欠压保护的作用。

(2)失压(或零压)保护。失压保护是指电动机在正常运行中，由于外界某种原因引起突然断电时，能自动切断电动机电源；当重新供电时，保证电动机不能自行启动的一种保护。接触器自锁控制线路也可实现失压保护作用。接触器自锁触头和主触头在电源断电时已经分断，使控制电路和主电路都不能接通，所以在电源恢复供电时，电动机就不会自行启动运转，保证了人身和设备的安全。

3. 具有过载保护的接触器自锁正转控制线路

思考

图 2-1-16 所示接触器自锁控制线路中都有哪些保护？各由什么电器来实现？图 2-1-17 所示线路呢？

在图 2-1-16 所示接触器自锁正转控制线路中，熔断器 FU1，FU2 分别作主电路和控制电路的短路保护用，接触器 KM 除控制电动机的启、停外，还作欠压和失压保护用。

图 2-1-17 所示线路在图 2-1-16 所示接触器自锁正转控制线路中，增加了一只热继电器 KH，构成了具有过载保护的接触器自锁正转控制线路。该线路不但具有短路保护、欠压和失压保护作用，而且具有过载保护作用，在生产实际中获得广泛应用。

过载保护是指当电动机出现过载时，能自动切断电动机的电源，使电动机停转的一种保护。

电动机在运行的过程中，如果长期负载过大，或启动操作频繁，或者缺相运行，都可能使电动机定子绕组的电流增大，超过其额定值。而这种情况下，熔断器往往并不熔断，从而引起定子绕组过热，使温度持续升高。若温度超过允许温升，就会造成绝缘损坏，缩短电动机的使用寿命，严重时甚至会烧毁电动机的定子绕组。因此，对电动机必须采取过载保护措施。

电动机控制线路中，最常用的过载保护电器是热继电器，它的热元件串接在三相主电路中，常闭触头串接在控制电路中，如图 2-1-17 所示。若电动机在运行过程中，由于过载或其他原因使电流超过额定值，那么经过一定时间后，串接在主电路中的热元件因受热发生弯曲，通过传动机构使串接在控制电路中的常闭触头分断，切断控制电路，接触器 KM 线圈失电，其主触头和自锁触头分断，电动机 M 失电停转，达到过载保护的目的。

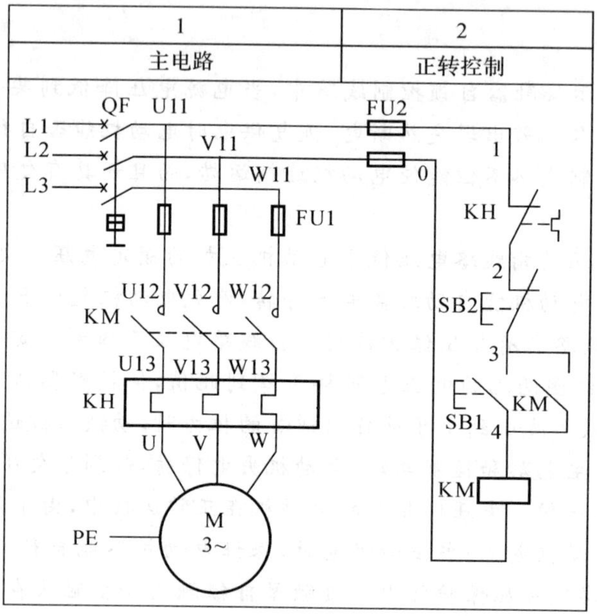

图 2-1-17　具有过载保护的自锁正转控制线路电路图

学习活动二　制订工作计划

学习过程

一、实施任务的设想或步骤

根据任务设计出实施步骤，并记录在表 2-2-1 中。

表 2-2-1　实施任务的步骤

序　号	步　骤	备　注
1	实地勘测	
2	劳保、安全措施准备	
3		
4		
5		

二、小组分工

根据职能和施工进行分工,并记录在表 2-2-2 中。

表 2-2-2　小组成员分工表

小组名			
序　号	组　员	分　工	备　注
1			
2			
3			
4			

引导问题 2-2-1　团队领队依据什么进行小组分工?

小贴士

如何做领队?

(1)容纳个人的不同和集体的一致和目标。第一个矛盾是需要包容个体的不同和达到集体的一致和目标。团队的有效性常常需要混合不同的个体。团队为了从多样性中获益,它必须具有允许不同声音——观点、风格、优先权——表达的过程。这些不同的声音实际上带来了开放,这不可避免地就有冲突,甚至有团队成员之间的竞争。过多的冲突和竞争会导致一个“胜负:的问题,而不是合作解决问题的方法。这样做的目的是集合个体的不同,从而激励他们追求团队的共同目标。有效的团队允许个体的自由和不同,但是所有团队成员必须遵守适当的下级目标或团队日程安排。

(2)鼓励团队成员之间的支持和对抗。如果团队成员的多样性得到承认,不同的观点被鼓励,团队需要发展一种成员之间互相激励和支持的文化。在这种文化环境下,团队成员之间有一种内聚性。他们对其他人的想法真正感兴趣,他们想听到并且区分谈论的内容。他们愿意接受其他具有专长、信息或经验和当前的任务或决策相关人员的领导和影响。但是,如果团队成员太过于互相支持,他们会停止互相对抗。在内聚力非常强的团队中,当反对不同意见时,保护和谐与友好关系的强硬的规范会发展成为”整体思想“。成员将会抑制他们个人的想法和感受,不会再互相批评对方的决策和行动,这时需要付出相当大的个人成本。团队决策时将不会出现不同意见,因为没有一个人想制造冲突。如果持续出现这种情况,团队成员很可能产生压抑的挫折感,他们将只是想"走自己的路",而不是真正解决问题。有效的团队要想办法允许冲突,而又不至于因此而受损。

(3)注意业绩、学习和发展。第三个矛盾是同时兼顾当前的业绩和学习。管理者不得不在"正确的决策"和未来的经验积累的支出之间选择。犯错误应该认为是学习付出的成本,而不是作为惩罚的原因,这将鼓励发展和革新。

(4)在管理者权威和团队成员的判断力和自治之间取得平衡。第四个矛盾就是在管理者权威和团队成员的判断力以及团队自治之间取得微妙的平衡。管理者不能推脱团队业绩最终的责任,授权并不意味着放弃控制。给团队成员越多的自治,他们遵守共同的日程就显得越重要。有效的团队是灵活的,他们可以在管理者权威和最适合的团队解决方案之间取得平衡。

实际上，在功能完善的团队，成员之间高度的互相信任，管理者在做出某些决定时不必讨论、也不必解释。相反，无效的团队中缺乏信任感，即使管理者做最明白的事情或无关紧要的建议，团队成员都要提出疑问。

(5)维护关系三角。对于管理者来说，由于他们最终具有正式的权威，而不是团队成员，所以他们理解这一点非常重要。团队管理者的作用是管理关系三角：管理者、个体、团队，三者处于等边三角形的三个顶点。管理者必须关心三方面的关系：他们和每一个团队成员个体的关系；他们和作为整体的团队的关系；每一个团队成员个体和团队整体的关系。任何一条关系受其他两条关系影响。当管理者不能很好地管理这个关系三角求得平衡时，团队成员之间的不信任和不良影响将呈螺旋式向下蔓延。

(6)团队管理的挑战。由于团队的复杂性，难怪常常很多团队不能充分发挥他们的潜能。有效的团队不是自然形成的，管理这必须提前把团队成员团结在一起。很多管理者逐渐明白如果他们在管理团队过程中和团队成员分担责任和权威——从管理团队边界到管理团队本身，团队会更有效。如果所有团队成员齐心协力，将取得有效的团队业绩。我们又一次看到，授权是管理者面对竞争现实可以依赖的工具。一位优秀的团队管理者发现："我最终认识到我的责任包括把优秀的人员集合起来，创造良好的环境，然后制定出解决问题的方案。"当然，在事情进展过程中，这个责任说起来容易，做起来难。

三、元件、工具、耗材清单

根据电动机的规格及控制线路的需求，将表2-2-3填写完整。

表2-2-3　元器件、工具、耗材清单表

序　号	类　别	实物图	名　称	文字符号	型号规格	数　量	作　用
1		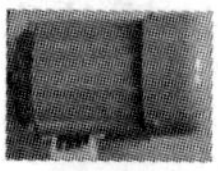	三相异步电动机	M	Y100L2 - 4 4KW、380V,8.8A、△接法	1	负载
2	元器件	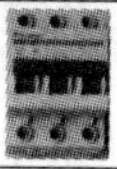		QF	DZ47-20/330三极复式脱扣器,380V,20A		接通和分断电路
3			螺旋式熔断器	FU1	RL1 - 60/20 380V、60A、配熔体20A	3	短路保护
4				FU2			
5			接触器	KM			
6			热继电器	KH			
7			按钮	SB			
8		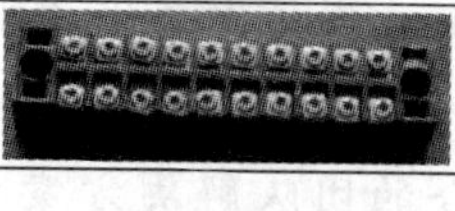	端子板	XT	JX2 - 151515A，15节、660V	1	连接

续表

序号	类别	实物图	名称	文字符号	型号规格	数量	作用
9	工具、仪表	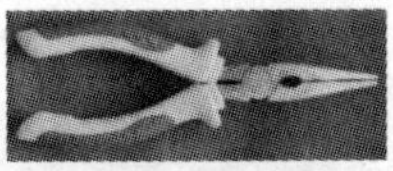			6in	1	导线整形
10		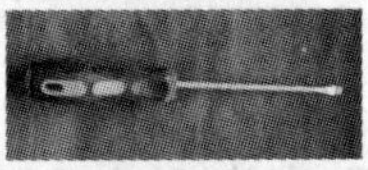	一字螺丝刀(一字起)		5 * 200mm	1	起螺钉
11		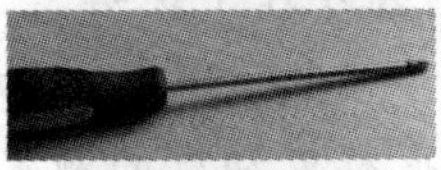			5 * 200mm	1	起螺钉
12			剥线钳		175mm	1	剥削导线
13					MF47	1	检测
14			兆欧表		ZC11D-4 500V	1	检测
15	耗材		配电板		600mm * 600mm * 20mm		安装
16			动力电路塑铜线		BV		连接
17			控制电路塑铜线				
18			按钮塑铜软线				
19			接地塑铜软线		BVR1.5mm2(黄绿双色)		保护
20			木螺钉		ϕ5 * 60		固定

引导问题 2-2-2　熔断器型号规格是如何选择的?

引导问题 2-2-3　动力电路塑铜线是如何选择的?

小词典

常用电工计算口诀

一、按功率计算电流的口诀之一

(1)用途:这是根据用电设备的功率(kW 或 kV·A)算出电流(安)的口诀。

电流的大小直接与功率有关,也与电压,相别,力率(又称功率因数)等有关。一般有公式可供计算,由于工厂常用的都是 380/220 V 三相四线系统,因此,可以根据功率的大小直接算出电流。

(2)口诀:低压 380/220 V 系统每 kW 的电流,A。

千瓦,电流,如何计算?

电力加倍,电热加半。

单相千瓦,1.5 A。

单相 380 V,电流两安半。

(3)说明:口诀是以 380/220 V 三相四线系统中的三相设备为准,计算每千瓦的安数。对于某些单相或电压不同的单相设备,其每千瓦的安数,口诀中另外作了说明。

①这两句口诀中,电力专指电动机.在 380 V 三相时(力率 0.8 左右),电动机每千瓦的电流约为 2 A。即将“千瓦数加一倍”(乘 2)就是电流。这电流也称电动机的额定电流。

【例 1】5.5 kW 电动机按“电力加倍”算得电流为 11 A。

【例 2】40 kW 水泵电动机按“电力加倍”算得电流为 80 A。

电热是指用电阻加热的电阻炉等。三相 380 V 的电热。

设备,每千瓦的电流为 1.5 A,即将“千瓦数加一半”(乘 1.5),就是电流。

【例 3】3 kW 电加热器按“电热加半”算得电流为 4.5 A。

【例 4】15 kW 电阻炉按“电热加半”算得电流为 23 A。

这口诀并不专指电热,对于照明也适用,虽然照明的灯泡是单相而不是三相,但对照明供电的三相四线干线仍属三相。

只要三相大体平衡也可以这样计算。此外,以千伏安为单位的电器(如变压器或整流器)和以千乏为单位的移相电容器(提高力率用)也都适用。即是说,这后半句虽然说的是电热,但包括所有以千伏安、千乏为单位的用电设备,以及以千瓦为单位的电热和照明设备。

【例 5】12 kW 的三相(平衡时)照明干线按“电热加半”算得电流为 18 A。

【例 6】30 kV·A 的整流器按“电热加半”算得电流为 45 A。(指 380 V 三相交流侧)

【例 7】320 kV·A 的配电变压器按“电热加半”算得电流为 480 A(指 380/220 V 低压侧)。

【例 8】100 kW 的移相电容器(380 V 三相)按“电热加半”算得电流为 150 A。

②在 380/220 V 三相四线系统中,单相设备的两条线,一条接相线而另一条接零线的(如照明设备)为单相 220 V 用电设备。这种设备的力率大多为 1,因此,口诀便直接说明“单相(每)千瓦 4.5 A”。计算时,只要“将千瓦数乘 4.5”就是电流。同上面一样,它适用于所有以千伏安为单位的单相 220 V 用电设备,以及以千瓦为单位的电热及照明设备,而且也适用于 220 V 的直流。

【例 9】500 V·A(0.5 kV·A)的行灯变压器(220 V 电源侧)按“单相 4.5 A/kW”算得电流为 2.3 A。

【例 10】1 000 W 投光灯按“单相千瓦、4.5 A”算得电流为 4.5 A。对于电压更低的单相,口诀中没有提到。可以取 220 V 为标准,看电压降低多少,电流就反过来增大多少。比如 36 伏电压,以 220 V 为标准来说,它降低到 1/6,电流就应增大到 6 倍,即每千瓦的电流为 $6\times4.5=27$ A。比如 36 V,60 W 的行灯每只电流为 $0.06\times27=1.6$ A,5 只便共有 8 A。

③在 380/220 V 三相四线系统中,单相设备的两条线都接到相线上,习惯上称为单相 380 V 用电设备(实际是接在两条相线上)。这种设备当以千瓦为单位时,力率大多为 1,口诀也直

接说明:"单相380,2.5 A"。它也包括以千伏安为单位的380 V单相设备。计算时,只要"将千瓦或千伏安数乘2.5就是电流,A。

【例11】32 kW钼丝电阻炉接单相380 V,按电流两安半算得电流为80 A。

【例12】2 kV·A的行灯变压器,初级接单相380 V,按电流两安半算得电流为5 A。

【例13】21 kV·A的交流电焊变压器,初级接单相380 V,按电流两安半算得电流为53 A。

注1:按"电力加倍"计算电流,与电动机铭牌上的电流有的有些误差,一般千瓦数较大的,算得的电流比铭牌上的略大些,而千瓦数较小的,算得的电流则比铭牌上的略小些,此外,还有一些影响电流大小的因素,不过,作为估算,影响并不大。

注2:计算电流时,当电流达十多安或几十安心上,则不必算到小数点以后,可以四舍五入成整数。这样既简单又不影响实用,对于较小的电流也只要算到一位小数和即可。

二、导体载流量的计算口诀

1.用途

各种导线的载流量(安全电流)通常可以从手册中查找。但利用口诀再配合一些简单的心算,便可直接算出,不必查表。导线的载流量与导线的截面有关,也与导线的材料(铝或铜),型号(绝缘线或裸线等),敷设方法(明敷或穿管等)以及环境温度(25°左右或更大)等有关,影响的因素较多,计算也较复杂。

10下五,100上二。

25,35,四三界。

70,95,两倍半。

穿管温度,八九折。

裸线加一半。

铜线升级算。

2.说明

口诀是以铝芯绝缘线,明敷在环境温度25°的条件为准。若条件不同,口诀另有说明。

绝缘线包括各种型号的橡皮绝缘线或塑料绝缘线。口诀对各种截面的载流量(电流,安)不是直接指出,而是"用截面乘上一定的倍数"来表示。为此,应当先熟悉导线截面,(平方毫米)的排列1 1.5 2.5 4 6 10 16 25 35 50 70 95 l20 150 185……生产厂制造铝芯绝缘线的截面积通常从而2.5开始,铜芯 绝缘线则从1开始;裸铝线从16开始;裸铜线从10开始。

(1)这口诀指出:铝芯绝缘线载流量,安,可以按截面数的多少倍来计算。口诀中阿拉伯数码表示导线截面(平方毫米),汉字表示倍数。把口诀的截面与倍数关系排列起来便如下:

..10 16～25 35～50 70～95 120……

五倍四倍三倍两倍半二倍

现在再和口诀对照就更清楚了.原来"10下五"是指截面从10以下,载流量都是截面数的五倍。"100上二"(读百上二),是指截面100以上,载流量都是截面数的二倍。截面25与35是四倍和三倍的分界处.这就是"口诀25,35四三界"。而截面70,95则为2.5倍。从上面的排列,可以看出:除10以下及100以上之外,中间的导线截面是每两种规格属同一倍数。

现在以明敷铝芯绝缘线,环境温度为25度,举例说明:

【例 1】6 mm^2 的，按 10 下五，算得载流量为 30 安。

【例 2】150 mm^2 的，按 100 上二，算得载流量为 300 安。

【例 3】70 mm^2 的，按 70、95 两 2 倍半，算得载流量为 175 安。

从上面的排列还可以看出，倍数随截面的增大而减小。在倍数转变的交界处，误差稍大些。比如截面 25 与 35 是 4 倍与 3 倍的分界处，25 属 4 倍的范围，但靠近向 3 倍变化的一侧，它按口诀是 4 倍，即 100 A。但实际不到 4 倍(按手册为 97 A)。而 35 则相反，按口诀是 3 倍，即 105 A，实际是 117 A。不过这对使用的影响并不大。当然，若能胸中有数，在选择导线截面时，25 的不让它满到 100 A，35 的则可以略为超过 105 A 便更准确了。同样，2.5 mm^2 的导线位置在五倍的最始(左)端，实际便不止 5 倍(最大可达 20 A 以上)，不过为了减少导线内的电能损耗，通常都不用到这么大，手册中一般也只标 12 A。

(2)从这以下，口诀便是对条件改变的处理。本句：穿管温度八九折，是指若是穿管敷设(包括槽板等敷设，即导线加有保护套层，不明露的)按(1)计算后，再打八折(乘 0.8)若环境温度超过 25°，应按(1)计算后，再打九折(乘 0.9)。

关于环境温度，按规定是指夏天最热月的平均最高温度。实际上，温度是变动的，一般情况下，它影响导体载流并不很大。因此，只对某些高温车间或较热地区超过 25°较多时，才考虑打折扣。还有一种情况是两种条件都改变(穿管又温度较高)。则按(1)计算后打八折，再打九折。或者简单地一次打七折计算(即 0.8×0.9=0.72，约 0.7)。这也可以说是穿管温度，八九折的意思。

例如：(铝芯绝缘线)10 mm^2 的，穿管(八折)40 安(10×5×0.8=40)

高温(九折)45 安(10×5×0.9=45 安)。

穿管又高温(七折)35 安(10×5×0.7=35)

95 平方毫米的，穿管(八折)190 安(95×2.5×0.8=190)

高温(九折)，214 安(95×2.5×0.9=213.8)

穿管又高温(七折)。166 安(95×2.5×0.7=166.3)

(3)对于裸铝线的载流量，口诀指出，裸线加一半，即按(1)中计算后再加一半(乘 1.5)。这是指同样截面的铝芯绝缘线与铝裸线比较，载流量可加大一半。

【例 4】16 mm^2 的裸铝线，96 安(16×4×1.5=96)

高温，86 安(16×4×1.5×0.9=86.4)

【例 5】35 mm^2 裸铝线，150 安(35×3×1.5=157.5)

【例 6】120 mm^2 裸铝线，360 安(120×2×1.5=360)

(4)对于铜导线的载流量，口诀指出，铜线升级算。即将铜导线的截面按截面排列顺序提升一级，再按相应的铝线条件计算。

【例 1】35 平方的裸铜线 25 度，升级为 50 mm^2，再按 50 mm^2 裸铝线，25 度计算为 225 安(50×3×1.5)。

【例 2】16 mm^2 铜绝缘线 25 度，按 25 mm^2 铝绝缘的相同条件，计算为 100 安(25×4)。

【例 3】95 mm^2 铜绝缘线 25 度，穿管，按 120 mm^2 铝绝缘线的相同条件，计算为 192 安(120×2×0.8)。

四、计划任务完成时间

计划任务完成时间表见表 2-2-4。

表 2－2－4　计划任务完成时间表

任务	计划完成时间/min	实际完成时间	备　注
施工前准备	20 分钟		
元件安装固定	20 分钟		
板前配线	60 分钟		
线路调试	10 分钟		

学习活动三　施工前的准备

学习过程

一、劳保、安全措施准备

按表 2－3－1 准备劳保用品和做好安全措施。

表 2－3－1　劳保、安全措施准备表

序　号	项　目	准备内容	是否具备
1	劳保	安全帽	
		工作服	
		绝缘鞋	
2	安全措施	工作票填写	
		警示牌	
		接地线	

引导问题 2－3－1　如果不采取安全措施可能会有什么后果？

小词典

触电危害和急救知识

一、电流对人体的伤害

随着社会生产的发展和科学技术的进步，电与人们的关系日益密切，但由于使用不当或违反了电气安全操作规程造成的电气事故对人们的危害也是相当严重的。

1. 对人体作用电流的划分

对于工频交流电，按照通过人体的电流大小而使人体呈现不同的状态，可将电流划分为三级。

(1)感知电流。引起人的感觉的最小电流称感知电流。人接触这样的电流人有轻微麻感。实验证明,成年男性平均感知电流有效值约为1.1mA,成年女性约为0.7 mA。

感知电流一般不会对人造成伤害,但是接触时间长,表皮被电解后电流增大时,感知增强,反应变大,可能造成坠落等间接事故。

(2)摆脱电流。电流超过感知电流并不断增大时,触电者会因肌肉收缩,发生痉挛而紧握带电体,不能自行摆脱电源,人触电后能自行摆脱电源的最大电流称为摆脱电流。一般成人男性平均摆脱电流为16 mA,成人女性约为10.5 mA,儿童较成年人小。

摆脱电流是人体可以忍受而一般不会造成危险的电流。若通过人体的电流超过摆脱电流且时间过长,会造成昏迷、窒息,甚至死亡。因此,人摆脱电源的能力随着触电时间的延长而降低。

(3)致命电流。在较短时间内危及生命的电流,称为致命电流。电流达到50 mA以上,就会引起心室颤动,有生命危险,100 mA以上的电流,则足以致死。而接触30 mA以下的电流通常不会有生命危险。

2.影响触电伤害程度的因素

触电的危险程度同很多因素有关,而这些因素是互相关联的,只要某种因素突出到相当程度,都会使触电者达到危险程度。

(1)电流的大小。一般通过的电流越大,人的生理反应越明显,越强烈,死亡危险性也越大。通过人体的电流强度取决于触电电压和人体电阻。人体电阻主要由表皮电阻和体内电阻构成,体内电阻较为稳定,约在500 Ω,表皮电阻则与表皮湿度、粗糙程度、触电面积等有关。一般人体电阻在1~2 kΩ之间。

(2)持续时间。通电时间越长,电击伤害程度越严重。因为电流通过人体时间越长,触电面要发热出汗,而且电流对人体有电解作用,使人体电阻降低,导致电流很快增加;另外,人的心脏每收缩扩张一次有0.1s的间歇,在这0.1s内,心脏对电流最敏感,若电流在这一瞬间通过心脏,即使电流较小,也会引起心脏颤动,造成危险。

(3)电流的途径。电流通过头部会使人立即昏迷,甚至死亡;电流通过脊髓,会导致半截肢体瘫痪;电流通过中枢神经,会引起中枢神经强列失调,造成呼吸窒息而导致死亡。所以电流通过心脏,呼吸系统和中枢神经系统时,危险性最大。从外部来看,左手至脚的触电最危险,脚到脚的触电对心脏影响最小。

(4)电流频率。常用的50~60 Hz的工频交流电对人体的伤害最严重。低于20 Hz时,危险性相对减小;2 000 Hz以上时死亡危险性降低,但容易引起皮肤灼伤。直流电比交流电小很多。

(5)人体健康状况。触电伤害程度与人的身体状况有密切关系。除了人体电阻各有区别外,女性比男性对电流敏感性高,遭电击时小孩要比成年人严重,身体患心脏病、结核病、精神病、内分泌器官疾病或醉酒的人,由于抵抗力差,触电后果更为严重。另外,对触电有心理准备的,触电伤害轻。

二、触电事故种类、方式和规律

众所周知,触电事故是由电流形式的能量造成的事故,其构成方式和伤害方式有很多不同之处,其发生也存在一定规律性,总体上可划分为两类触电事故、三种触电方式和八个规律。

1.触电事故种类

按照触电事故的构成方式,触电事故可分为电击和电伤。

(1)电击。电击是电流对人体内部组织的伤害,是最危险的一种伤害绝大多数(大约85%以上)的触电死亡事故都是由电击造成的。

电击的主要特征有:①伤害人体内部。②在人体的外表没有显著的痕迹。③致命电流较小。

按照发生电击时电气设备的状态,电击可分为直接接触电击和间接接触电击。

1)直接接触电击:是触及设备和线路正常运行时的带电体发生的电击(如误触接线端子发生的电击),也称为正常状态下的电击。

2)间接接触电击:是触及正常状态下不带电,而当设备或线路故障时意外带电的导体发生的电击(如触及漏电设备的外壳发生的电击),也称为故障状态下的电击。

(2)电伤。电伤是电流的热效应、化学效应、光效应或机械效应对人体造成的伤害。电伤会在人体上留下明显伤痕,有灼伤、电烙印和皮肤金属化3种。

电弧灼伤是由弧光放电引起的。

电烙印通常是在人体与带电体紧密接触时,由电流的化学效应和机械效应而引起的伤害。

皮肤金属化是由于电流熔化和蒸发的金属微粒渗入表皮所造成的伤害。

2.触电方式

按照人体触及带电体的方式和电流流过人体的途径,电击可分为单相触电、两相触电和跨步电压触电。

(1)单相触电。单相触电是指在地面上或其他接地导体上,人体某一部位触及一相带电体的触电事故。对于高压,人体虽然没有触及,但因超过了安全距离,高压电对人体产生电弧放电,也属于单相触电。

单相触电的危险程度与电网运行方式有关,一般情况下,接地电网的单相触电比不接地电网的危险性大。

(2)两相触电。两相触电是指人体两处同时触及两相带电体而发生的触电事故。无论电网的中性点接地与否,其危险性都比较大。

(3)跨步电压触电。当电网或电气设备发生接地故障时,流人地中的电流在土壤中形成电位,地表面也形成以接地点为圆心的径向电位差分布。以人行走时前后两脚间(一般按0.8 m计算)电位差达到危险电压而造成触电,称为跨步电压触电。

人走到离接地点越近,跨步电压越高,危险性越大。一般在距接地点20 m以外,可以认为地电位为零。

在高压故障接地处,或有大电流流过接地装置附近,都可能出现较高的跨步电压,因此要求在检查高压设备的接地故障时,室内不得接近接地故障点4m以内,室外不得接近故障点8m以内。若进入上述范围,工作人员必须穿绝缘靴。

3.触电事故规律

(1)触电事故季节性明显。统计资料表明,每年二三季度事故多。特别是6～9月,事故最为集中。主要原因为,一是这段时间天气炎热、人体衣单而多汗,触电危险性较大;二是这段时间多雨、潮湿,地面导电性增强,容易构成电击电流的回路,而且电气设备的绝缘电阻降低,容易漏电。其次,这段时间在大部分农村都是农忙季节,农村用电量增加,触电事故因而增多。

(2)低压设备触电事故多。国内外统计资料表明,低压触电事故远远多于高压触电事故。其主要原因是低压设备远远多于高压设备,与之接触的人比与高压设备接触的人多得多,而且都比较缺乏电气安全知识。应当指出,在专业电工中,情况是相反的,即高压触电事故比低压触电事故多。

(3)携带式设备和移动式设备触电事故多。携带式设备和移动式设备触电事故多的主要原因是这些设备是在人的紧握之下运行,不但接触电阻小,而且一旦触电就难以摆脱电源;另一方面,这些设备需要经常移动,工作条件差,设备和电源线都容易发生故障或损坏;此外,单相携带式设备的保护零线与工作零线容易接错,也会造成触电事故。

(4)电气连接部位触电事故多。大量触电事故的统计资料表明,很多触电事故发生在接线端子、缠接接头、压接接头、焊接接头、电缆头、灯座、插销、插座、控制开关、接触器、熔断器等分支线、接户线处。主要是由于这些连接部位机械牢固性较差、接触电阻大、绝缘强度较低以及可能发生化学反应的缘故

(5)错误操作和违章作业造成的触电事故多。大量触电事故的统计资料表明,有85%以上的事故是由于错误操作和违章作业造成的。其主要原因是由于安全教育不够、安全制度不严和安全措施不完善、操作者素质不高等。

(6)不同行业触电事故不同。冶金、矿业、建筑、机械行业触电事故多。由于这些行业的生产现场精彩伴有潮湿、高温、现场混乱、移动式设备和携带式设备多以及金属设备多等不安全因素,以致触电事故多。

(7)不同年龄段的人触电事故不同。中青年工人、非专业电工、合同工和临时工触电事故多。其主要原因是由于这些人是主要操作者,经常接触电气设备;而且,这些人经验不足,又比较缺乏电气安全知识,其中有的责任心还不够强,以致触电事故多。

(8)不同地域触电事故不同。部分省市统计资料表明,农村触电事故明显多于城市,发生在农村的事故约为城市的3倍。

二、工具、元器件、耗材准备

(1)填写领料单,并领出所需器件。

(2)根据元件清单,填写领料单(见表2-3-2),并领出所需器件。

表2-3-2 领 料 单

领料部门__________　　　　　　　　No:

生产单号:　　　　　　　　　　　　　　　　年　　月　　日

序号	品名	型号规格	单位	请领数量	实发数量	备注

续 表

序　号	品　名	型号规格	单　位	请领数量	实发数量	备　注

制单：　　　　审核：　　　　领料：　　　　发料：

学习活动四　学习任务实施

学习过程

一、工序及工期安排

工序及工期安排见表 2－4－1。

表 2－4－1　工序及工期安排表

序　号	工序工作内容	完成时间	备　注
1	工序一名称:器件检测		
2	工序二名称:元器件安装		
3	工序三名称:板前配线		
4	工序四名称:线路调试		

二、任务实施

1. 实施工序一:器件检测

将器件检测数据记录在表 2－4－2 中,并判断其是否合格。

表 2－4－2　元器件检测报告表

序　号	元器件名称	检测数据	是否合格
1			
2			
3			
4			
5			
6			

2. 实施工序二：元器件安装

(1)按图 2-4-1 所示尺寸安装元器件。

(2)元器件安装质量检测报告。元器件安装完毕后，根据安装工艺要求进行安装质量检查，将检查结果记录到表 2—4—3，并对安装质量不合格的进行重新安装。

表 2-4-3 元器件安装质量检测报告表

序　号	元器件名称	安装质量检测	是否合格
1			
2			
3			
4			
5			
6			

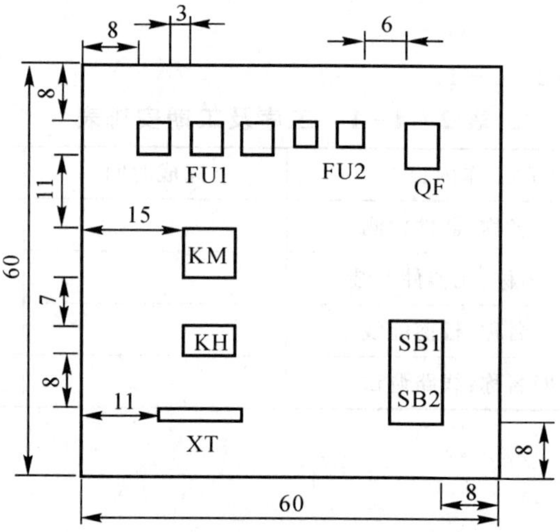

图 2-4-1 接触器控制电动机单向正转控制线路元件布置图

提示

元器件安装质量检测内容

元器件安装质量检测从元器件安装是否有损坏、元器件安装进出端是否正确、元器件安装是否牢固、元器件安装位置是否合理四方面来检测。

3. 实施工序三：板前配线

(1)按图 2-4-2 所示接线图进行板前接线。

(2)自检接线质量。按表 2-4-4 中检查项目进行接线质量检查，并将结果记录在表中。

表 2-4-4　接线质量自检表

序　号	检查项目	检查内容	检查结果
1	布线工艺	接点是否有松动、漏铜过长、反圈现象	
		走线工艺是否符合要求,有无交叉现象	
		是否有损伤导线绝缘或线芯现象	
2	接线正确性	是否照接线图接线	

引导问题 2-4-1　接触器控制电动机单向正转控制线路接线正确性采用什么方法检测?

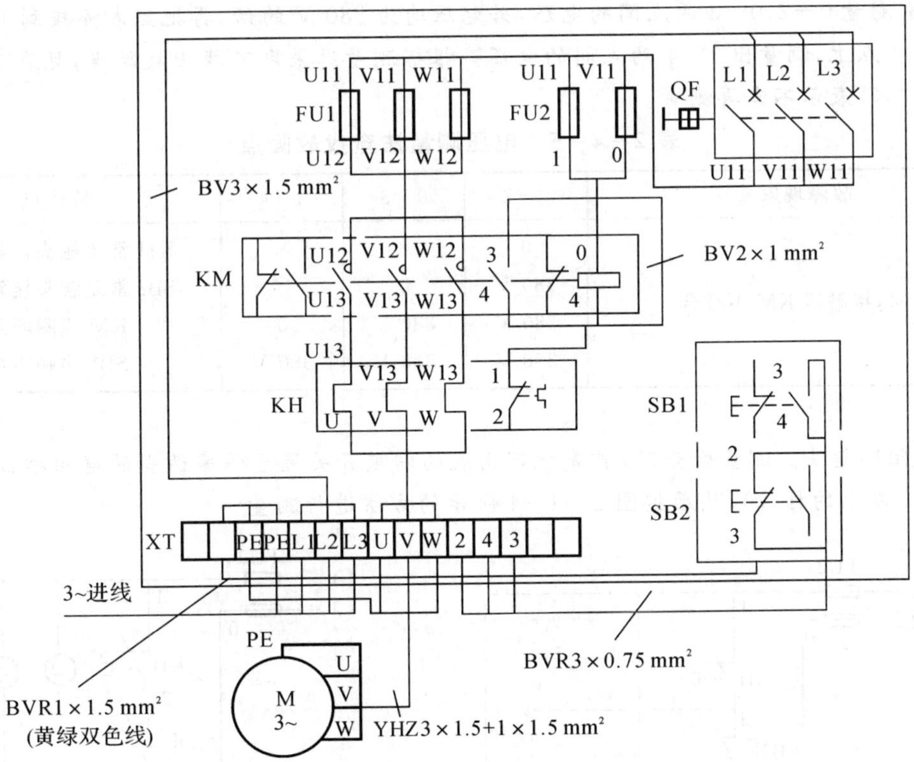

图 2-4-2　接触器控制电动机单向正转控制线路接线图

小贴士

检修训练

1.电动机基本控制线路故障检修的一般步骤和方法

(1)用试验法观察故障现象,初步判定故障范围。在不扩大故障范围、不损坏电气设备和机械设备的前提下,对线路进行通电试验,通过观察电气设备和电器元件的动作是否正常、各控制环节的动作程序是否符合要求,初步确定故障发生的大致部位或回路。

(2)用逻辑分析法缩小故障范围。根据电气控制线路的工作原理、控制环节的动作程序以及它们之间的联系,结合故障现象做具体的分析,缩小故障范围,特别适用于对复杂线路的故障检查。

(3)用测量法确定故障点。利用电工工具和仪表对线路进行带电或断电测量,常用的方法有电压测量法和电阻测量法。

1)电压测量法。测量检查时,首先把万用表的转换开关置于交流电压 500 V 的档位上,然后按图 2-4-3 所示的方法进行测量。

接通电源,若按下启动按钮 SB1 时,接触器 KM 不吸合,则说明控制电路有故障。

检测时,在松开按钮 SB1 的条件下,先用万用表测量 0 和 1 两点之间的电压,若电压为 380 V,则说明控制电路的电源电压正常。然后把黑表棒接到 0 点上,红笔棒依次接到 2,3 各点上,分别测量 0—2,0—3 两点间的电压,若电压均为 380 V 的话,再把黑表棒接到 1 点上,红表棒接到 4 点上,测量出 1-4 两点间的电压。根据测量结果即可找出故障点,见表 2-4-5。表中符号"×"表示不需再测量。

表 2-4-5　电压测量法查找故障点

故障现象	0—2	0—3	1—4	故障点
按下 SB1 时,接触器 KM 不吸合	0	×	×	KH 常闭触头接触不良
	380 V	0	×	SB2 常闭触头接触不良
	380 V	380 V	0	KM 线圈断路
	380 V	380 V	380 V	SB1 接触不良

2)电阻测量法。测量检查时,首先把万用表的转换开关置于倍率适当的电阻档位上(一般选 R×100 以上的档位),然后按图 2-4-4 所示的方法进行测量。

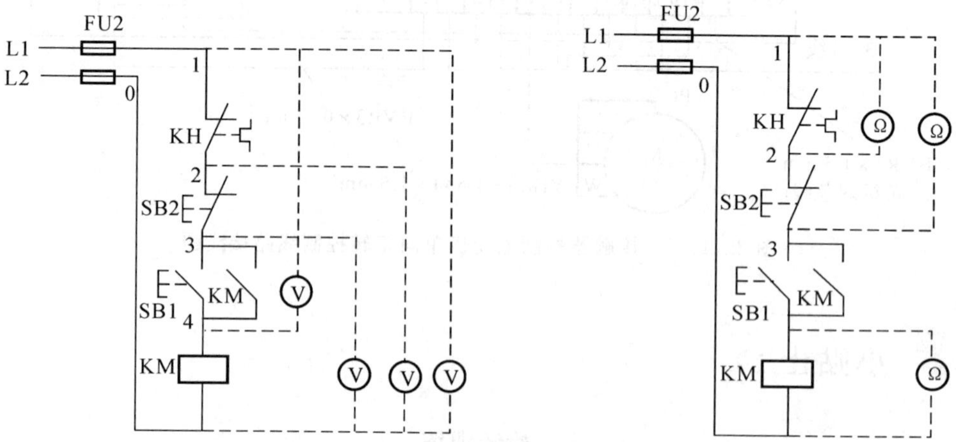

图 2-4-3　电压测量法　　　图 2-4-4　电阻测量法

接通电源,若按下启动按钮 SB1 时,接触器 KM 不吸合,则说明控制电路有故障。

检测时,首先切断电路的电源(这点与电压测量法不同),用万用表依次测量出 1—2,1—3,0—4 各两点间的电阻值。根据测量结果即可找出故障点,见表 2-4-6。

表 2-4-6　电阻测量法查找故障点

故障现象	0—2	0—3	1—4	故障点
按下 SB1 时,接触器 KM 不吸合	∞	×	×	KH 常闭触头接触不良
	0	∞	×	SB2 常闭触头接触不良
	0	0	∞	KM 线圈断路
	0	0	R	SB1 接触不良

注:R 为接触器 KM 线圈的电阻值。

以上是用测量法查找确定控制电路的故障点,对于主电路的故障点,结合图 2-1-17 说明如下:

首先测量接触器电源端的 U12—V12,U12—W12,W12—V12 之间的电压。若均为 380V,说明 U12,V12,W12 三点至电源无故障,可进行第二步测量。否则可再测量 U11—V11,U11—W11,W11—V11 顺次至 L1—L2,L2—L3,L3—L1 知道发现故障。

其次断开主电路电源,用万用表的电阻档(一般选 R×100 以上的档位)测量接触器负载端 U13—V13,U13—W13,W13—V13 之间的电阻,若电阻均较小(电动机定子绕组的直流电阻),说明 U13,V13,W13 三点至电动机无障碍,可判断为接触器主触头有故障。否则可再测量 U—V,U—W,W—V 到电动机接线端子处,直到发现故障。

1)根据故障点的不同情况,采用正确的维修方法排除故障。

2)检修完毕,进行通电空载校验或局部空载校验。

3)校验合格,通电正常运行。

在实际维修工作中,出现的故障不是千篇一律的,就是同一种故障现象,发生的部位也不一定相同。因此,采用以上介绍的步骤和方法时,不能生搬硬套,而应按不同的情况灵活运用,妥善处理。

4. 实施工序四:线路调试

(1)通电前的准备。根据表 2-4-7 中的准备项目进行通电前的准备工作,并将结果记录在表中。

表 2-4-7　通电前准备情况记录表

序　号	准备项目	准备内容	是否合格
1	接线正确性	电源相序为正相序	
2	接地线连接	电动机、控制开关的金属外壳接地	
3	绝缘电阻检测	线路绝缘电阻检测值为 1MΩ	
4	电动机检测	电动机机械检查转子转动灵活	
		电气检测定子绕组绝缘电阻不小 0.5MΩ	
		电动机使用电源电压和接法必须与铭牌规定一致	

(2)通电试车。按照表 2-4-8 所列的操作顺序进行通电试车,并将已操作步骤填入表中。

表 2-4-8　通电试车操作步骤表

序　号	应操作步骤	已操作
1	连接电源线	
2	合上电源断路器	
3	合上控制线路断路器 QF	
4	按下启动按钮 SB1	
5	观察电动机运行情况	
6	按下停止按钮 SB2	
7	断开控制线路断路器	
8	断开电源断路器	
9	断开电源线	

(3)按 6S 管理要求清理现场。根据 6S 管理对实训场地进行清理、清扫;对工位进行整理、整顿。

小贴士

电动机运行情况观察内容:

(1)电动机的旋转方向是否正确;不准确则应停电进行换相纠正。

(2)电动机转动是否有力;无力则马上断开电源,检查是否有缺相。

(3)电动机运行声音是否正常;不正常则考虑是否需要电动机中修。

三、任务完成评价

以个人为单位,展示个人安装成果。

根据表 2-4-9 评分标准进行评分。

表 2-4-9　评分表

评价内容		分　值	评　分		
			自我评价	小组评价	教师评价
器件选测	器件型号规格选择正确	10			
	器件好坏检测正确				
器件安装	安装方法、步骤正确,符合工艺要求	10			
	元器件安装牢固、合理、整齐				

续 表

评价内容		分 值	评 分		
			自我评价	小组评价	教师评价
板前布线	按电路图正确接线	40			
	布线方法、步骤正确，符合工艺要求				
	布线横平竖直，整洁有序，接线紧固美观				
	电源和电动机按钮正确接到端子排上，并准确注明引出端子号				
	接点牢固、接头漏铜长度适中，无反圈、压绝缘层、标记号不清楚、遗漏或误标等问题				
	施工中导线绝缘层或线芯无损伤				
线路调试	主回路调试	30			
	控制回路调试				
	设备正常运转无故障或出现故障正确排除				
安全文明生产	遵守安全文明生产规程	10			
	施工完成后认真清理现场				
施工额定用时 180 min　实际用时________　超时扣分：					
合计					
实施综合评价等级（D＜60 分　60＜C＜80　80＜B＜90　90＜A）					

学习活动五　考评与总结

学习过程

以小组形式，完成对学习过程的综合评价，对学习过程和实训成果进行汇报总结。

一、任务考核与评价

1. 技能考核

参考表 2－5－1 的标准进行考核。

表 2－5－1　技能考核与评价标准

评分内容	配　分	评价标准	扣分情况	得　分
运行成功率	40 分	接线正确，通电后电动机运转成功	1. 电动机不能正常转动或不能停止，扣 10 分 2. 电动机不能实现正转，扣 5 分 3. 电动机不能实现互锁，扣 5 分 4. 短路，扣 20 分	
挂件	20 分	安装元器件，符合工艺要求	1. 选择元器件及检查 5 分 2. 元器件安装美观度 5 分 3. 元器件安装可靠性 5 分 4. 元器件安装合理性 5 分	
布线	20 分	布线整齐、美观，导线用量合理，符合工艺要求	1. 选线准确 2 分； 2. 布线交叉情况 3 分； 3. 接触良好 3 分； 4. 总体美观，用线量合理 10 分	
安全试车	10 分	操作安全规范，对存在的故障能独立自行排除	1. 存在故障找不出原因或不能排除的根据故障情况适当扣分。 2. 没有遵守安全操作规范通电试车的扣 10 分	
工时	10 分	按规定工时	每超过 15 min 扣 2 分	
考核项目	单向启动控制线路			
小组分工	（分工时小组成员应轮换工序）			
考核			合计总分	
综合评价等级				
（D＜60 分　60＜C＜80　80＜B＜90　90＜A）				

2. 综合评价（知识、技能、素养）

根据课题完成过程中，学生的综合表现进行自我、小组、教师评价，并列于表 2－5－2 中。

表 2－5－2　综合评价表

评价项目	评价内容		评价标准	评价方式		
				自我评价	小组评价	教师评价
职业素养	过程化考核	安全意识、责任意识	A 作风严谨、自觉遵章守纪、出色完成工作任务； B 能够遵守规章制度、较好完成工作任务； C 遵守规章制度、没完成工作任务或完成工作任务、但忽视规章制度； D 不遵守规章制度、没完成工作任务			

续 表

评价项目	评价内容		评价标准	评价方式		
				自我评价	小组评价	教师评价
职业素养	过程化考核	学习态度、主动性	A 积极参与教学活动,全勤; B 缺勤达本任务总学时的 10%; C 缺勤达本任务总学时的 20%; D 缺勤达本任务总学时的 30%			
		团队合作意识	A 与同学协作融洽、团队合作意识强; B 与同学能沟通、协同工作能力较强; C 与同学能沟通、协同工作能力一般; D 与同学沟通困难、协同工作能力较差			
		工序一评价	A 不仅自己熟练掌握技能要求,还能辅导他人; B 已熟练掌握技能要领,并完全达到要求; C 初步掌握技能要领,能独立操作但不熟练; D 正在学习技能与要求,但不能独立操作			
职业技能		工序二评价	A 不仅自己熟练掌握技能要求,还能辅导他人; B 已熟练掌握技能要领,并完全达到要求; C 初步掌握技能要领,能独立操作但不熟练; D 正在学习技能与要求,但不能独立操作			
		工序三评价	A 不仅自己熟练掌握技能要求,还能辅导他人; B 已熟练掌握技能要领,并完全达到要求; C 初步掌握技能要领,能独立操作但不熟练; D 正在学习技能与要求,但不能独立操作			
		工序四评价	A 不仅自己熟练掌握技能要求,还能辅导他人; B 已熟练掌握技能要领,并完全达到要求; C 初步掌握技能要领,能独立操作但不熟练; D 正在学习技能与要求,但不能独立操作			
	终结考核	知识与技能	A 评价成绩为 90～100 分; B 评价成绩为 75～89 分; C 评价成绩为 60～75 分; D 评价成绩为 0～60 分			

学生签名		综合评价等级	
综合评价建议			
指导教师		日期	

二、工作总结

1.学习总结

以小组为单位，选择演示文稿、展板、海报、录像等形式中的一种或几种，向全班展示、汇报学习成果，并将交流记于表2-5-3中。

表2-5-3　经验交流记录表

业务实施过程		持续改进、行动计划		学习与工作宝贵经验
提出人	过程记录	提出人	改进记录	经验记录

2.教师点评与总结

本课题主要是考核学生对低压由器的知识技能掌握同时知识读电路图。

学习拓展

多地控制线路

能在两地或多地控制同一台电动机的控制方式叫做电动机的多地控制。

图2-5-1所示为两地控制的具有过载保护接触器自锁正转控制线路的电路图。其中SB11,SB12为安装在甲地的启动按钮和停止按钮；SB21、SB22为安装在乙地的启动按钮和停止按钮。线路的特点：两地的启动按钮SB11、SB21并联在一起，停止按钮SB12、SB22串联在一起。这样就可以达到分别在甲、乙两地启动和停止同一台电动机。

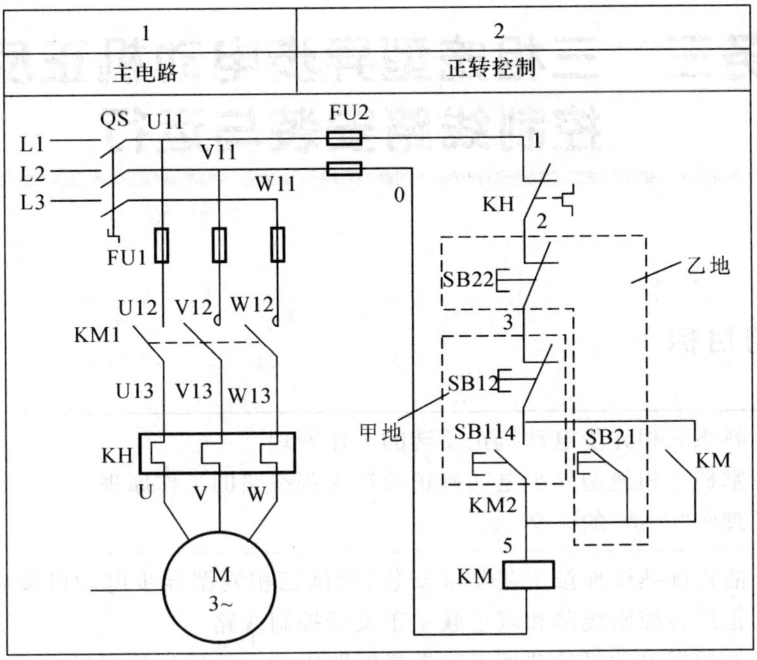

图 2-5-1　两地控制同一台电动机电路

以此类推，多地控制的方法，就是将各地的启动按钮并联，停止按钮串联就能实现。

任务三　三相笼型异步电动机正反转控制线路安装与运行

学习目标

知识目标	·熟悉三相异步电动机正反转的工作原理 ·掌握三相笼型异步电动机正反转控制线路的工作原理 ·理解“互锁”的含义
技能目标	·能正确熟练地按工艺要求安装、调试三相笼型异步电动机接触器互锁正反转控制线路和双重联锁正反转控制线路 ·能根据电动机的功率正确选择线路中的元器件型号规格
素养目标	·能按照企业管理制度，正确填写维修记录并归档，确保记录的可追溯性，为以后维修提供参考资料

情景描述

家用洗衣机在洗衣时运转形态，工地塔吊的升降控制，面粉搅拌机的正反转控制等现象。

实施流程

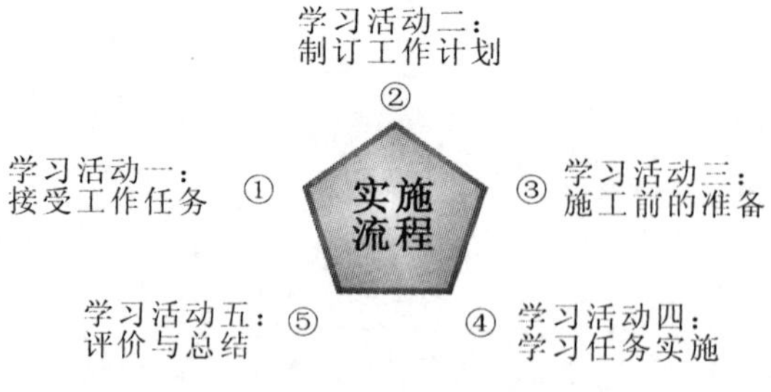

学习活动一　接受工作任务

一、讨论情景描述中电动机的控制电路

(1)面粉搅拌机外形和控制柜如图 3-1-1 所示。

引导问题 3－1－1　该电路中用了几个接触器？几个按钮？

引导问题 3－1－2　图 3－1－1 中面粉搅拌机控制柜中元器件你认识哪些？

(2)接触器控制三相电动机正反转控制接线实物图如图 3－1－2 所示。

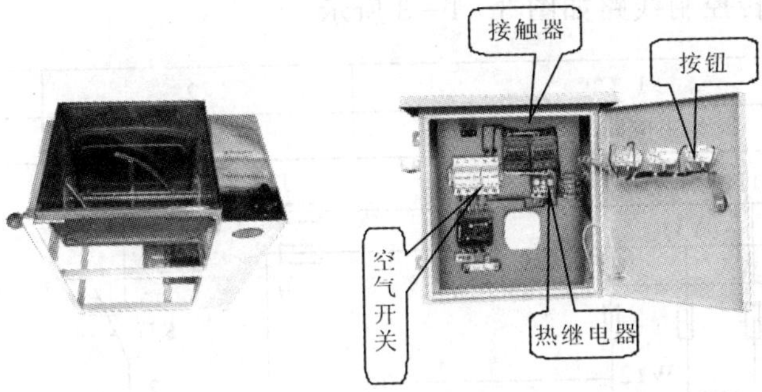

(a)　　(b)

图 3－1－1　面粉搅拌机电路控制实物图

(a)面粉搅拌机外形图；(b)面粉搅拌机控制柜

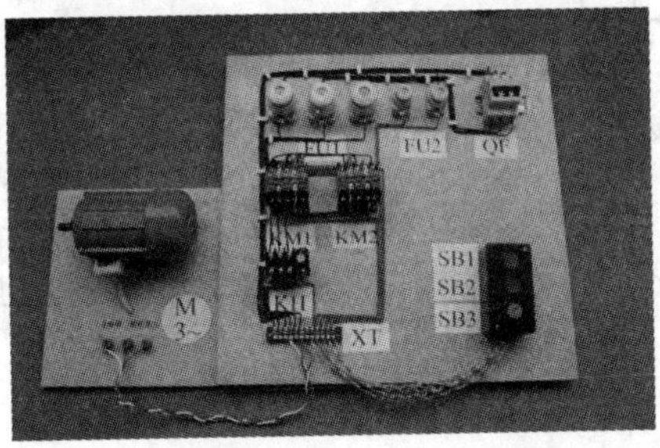

图 3－1－2　接触器控制电动机正反转接线实物图

二、布置任务

任务布置见表 3－1－1。

表 3－1－1　安装工作联系单

流水号：　2011－01－039

类别：水□　电□　暖□　土建□　其他□　　日期：2012 年 3 月 15 日

安装地点	学校食堂		
安装项目	面粉搅拌机控制线路安装		
需求原因	面点师和面需求		
申报时间	2012 年 3 月 15 日	完工时间	2012 年 3 月 25 日
申报单位	学校总务处	安装单位	电气工程系
验收意见		安装单位电话	89896666
验收人		承办人	
申报人电话	89893333	承办人电话	
总务处负责人	阳××	总务处负责人电话	89892222

引导问题 3－1－3　三相笼型异步电动机是如何实现正反转的？

三、接触器联锁正反转控制线路

接触器联锁正反转控制线路如图 3－1－3 所示。

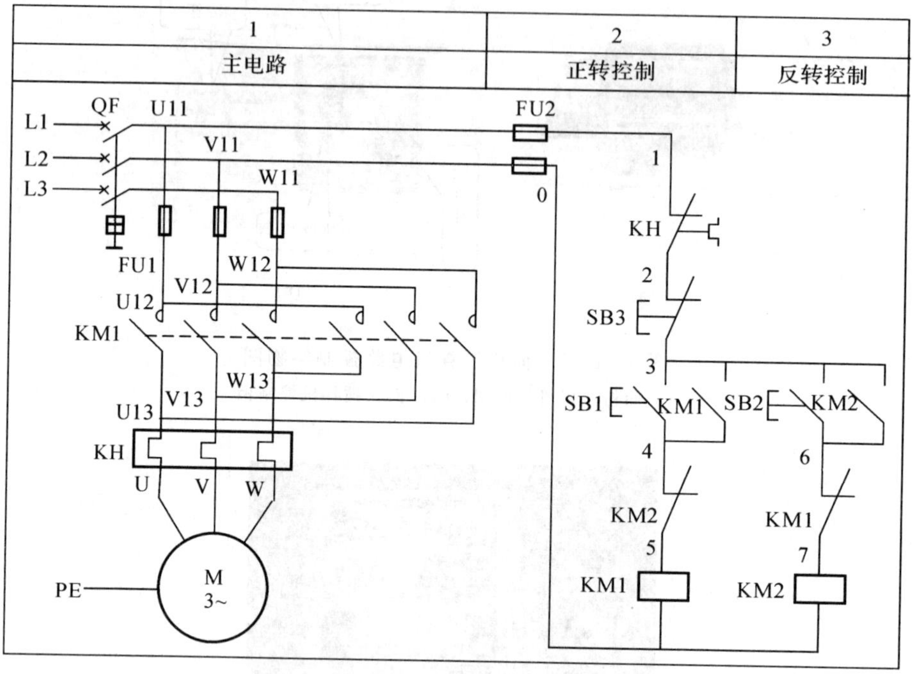

图 3－1－3　面粉搅拌机控制线路图

引导问题 3－1－4　图 3－1－3 中接触器 KM1、KM2 的辅助常闭触头作什么用？

小词典

三相异步电动机的工作原理

（1）定子绕组旋转磁场的产生。三相异步电动机的定子绕组分三相按空间互差 120°的电角度分布，当给三相异步电动机的定子绕组通入三相幅值相等、频率相同、相位互差 120°的交流电流之后，在电动机内部将产生一个旋转磁场，该旋转磁场的方向与三相交流电的相序有关，正相序时方向为顺时针；反之，方向为逆时针。

（2）转子绕组感应电流的产生。当电动机定子绕组通电产生旋转磁场后，转子绕组切割旋转磁场磁力线，转子绕组产生感应电动势，当转子绕组组成闭合回路，在感应电动势作用下即产生感应电流。

（3）电磁力矩的产生。在定子绕组的旋转磁场和转子绕组感应电流的相互作用下，产生一个电磁力矩，就使电动机转子旋转起来，电动机转子的旋转方向与定子绕组的旋转磁场方向一致。

三相异步电动机接触器联锁正反转控制线路工作原理分析

（1）主电路分析。如图 3－1－3 所示，在主电路中由两个接触器的主触头来接通不同的电源相序，KM1 按 L1－L2－L3 的相序接线，而 KM2 则按 L3－L2－L1 的相序接线；通过给电动机提供不同的三相电源相序来实现电动机的正反转。由此可知 KM1 和 KM2 的主触头不能同时闭合，否则将造成电源短路事故。

(2)控制电路分析。由于采用了两个接触器，因此相应地控制电路有两条，一条是由按钮 SB1 和接触器 KM1 线圈等组成正转控制电路；另一条是由按钮 SB2 和接触器 KM2 线圈等组成反转控制电路。其中接触器 KM1，KM2 的辅助常闭触头分别串接在对方的控制电路中，是为了避免接触器 KM1，KM2 同时得电动作。这种当一个接触器得电动作时，通过其辅助常闭触头使另一个接触器不能得电动作，接触器之间相互制约的作用叫接触器联锁(或互锁)。实现联锁作用的辅助常闭触头称为联锁触头(或互锁触头)，联锁用符号“▽”表示。

学习活动二　制订工作计划

学习过程

一、实施任务的设想或步骤

根据任务单写出任务实施步骤，并填入表 3－2－1 中。

表 3－2－1　任务实施步骤

序　号	步　骤	备　注
1	实地勘测	
2	劳保、安全措施准备	
3		
4		
5		

二、小组分工

根据任务实施方案进行小组人员分工，并将分工任务记录在表 3－2－2 中。

表 3－2－2　小组成员分工表

小组名			
序　号	组　员	分　工	备　注
1			
2			
3			
4			

注：小组成员按职能和具体实施任务进行分工。

三、元件、工具、耗材清单

根据任务单，计算出元件型号规格，并列出所需元件、工具、耗材清单填入表 3－2－3 中。

表 3－2－3　元器件、工具、耗材清单表

序　号	类　别	实物图	名　称	文字符号	型号规格	数　量	作　用
1			三相异步电动机	M	Y100L2 － 4，4KW，380V，8.8A，△接法	1	负载
2		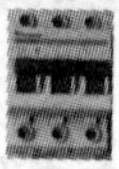		QF	DZ47－20/330 三极复式脱扣器，380V，20A		接通和分断电路
3			螺旋式熔断器	FU1	RL1 － 60/20 380V、60A、配熔体 20A	3	短路保护
4				FU2			
5	器件		接触器	KM			
6			热继电器	KH			
7			按钮	SB			
8		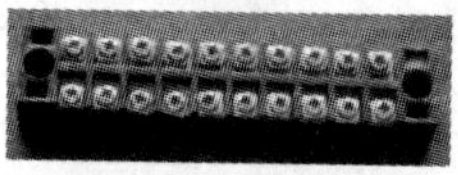	端子板	XT	JX2 － 151515A，15 节，660V	1	连接
9		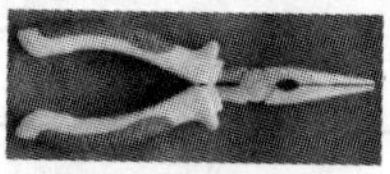			6in	1	导线整形
10		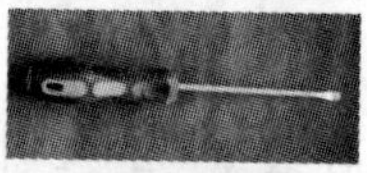	一字螺丝刀（一字起）		5＊200mm	1	起螺钉
11	工具、仪表	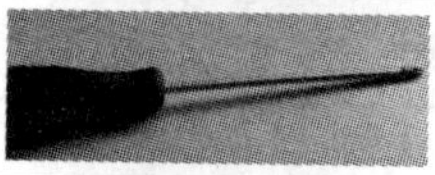			5＊200mm	1	起螺钉
12			剥线钳		175mm	1	剥削导线
13					MF47	1	检测
14			兆欧表		ZC11D－4 500V	1	检测

续表

序　号	类　别	实物图	名　称	文字符号	型号规格	数　量	作　用
15	耗材		配电板		600mm ＊ 600mm ＊20mm		安装
16			动力电路塑铜线		BV		连接
17			控制电路塑铜线				
18			按钮塑铜软线				
19			接地塑铜软线		BVR1.5mm2(黄绿双色)		保护
20			木螺钉		φ5＊60		固定

引导问题 3－2－1　主电路和控制电路中熔断器规格选择有何不同？

小词典

低压电器的选用常识

一、熔断器的选用

对熔断器的选用主要包括熔断器类型、熔断器额定电压、熔断器额定电流和熔体额定电流的选用。

熔断器类型的选用

根据使用环境、负载性质和短路电流的大小选用适当类型的熔断器。常用熔断器特点和应用场合见表 3－2－4。

表 3－2－4　常用熔断器

名　称	结构示意图	特　点	应用场合
RC1A 系列瓷插式熔断器	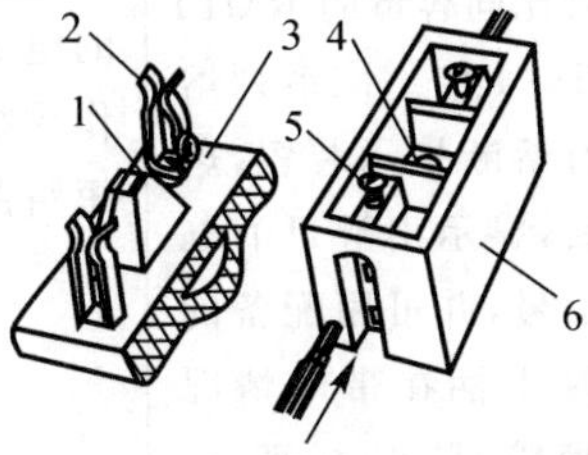1—熔丝；　2—动触头；　3—瓷盖 4—空腔；　5—静触头；　6—瓷座	由瓷座、瓷盖、动触头、静触头及熔丝五部分组成，其特点是结构简单，价格低廉，更换方便。但该熔断器极限分断能力较差，由于为半封闭结构，熔丝熔断时有声光现象，在易燃易爆的工作场合应禁止使用	主要用于交流 50HZ、额定电压 380V 及以下、额定电流为 5－200A 的低压线路末端或分支电路中，作线路和用电设备的短路保护，在照明线路中还可起过载保护作用

续 表

名　称	结构示意图	特　点	应用场合
RL1 系列螺旋式熔断器	 (a)外形 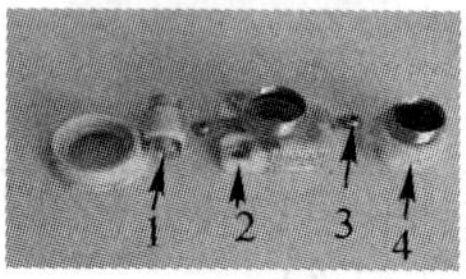 (b)结构 1—瓷套；　2—熔断管 3—下接线座；　4—瓷座 5—上接线座；　6—瓷帽	主要由瓷帽、熔断管、瓷套、上接线座、下接线座及瓷底座等部分组成。熔断管内装有石英砂、熔丝和带小红点的熔断指示器，石英砂用于增强灭弧性能。该系列熔断器的分断能力较高，结构紧凑，体积小，安装面积小，更换熔体方便，工作安全可靠，熔丝熔断后有明显指示	广泛应用于控制箱、配电屏、机床设备及振动较大的场合，在交流额定电压 500V、额定电流 200A 及以下的电路中，作为短路保护器件
RM10 系列封闭管式熔断器	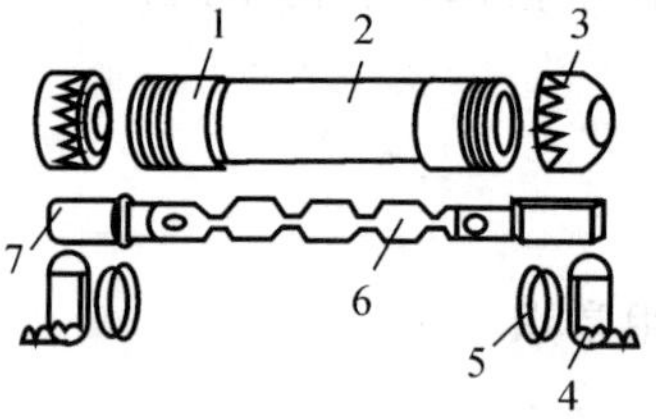 1—黄铜套管；　2—钢纸管 3—黄铜帽；　4—接线座 5—夹座；　6—熔体；　7—夹头	由熔断管、熔体、夹头及夹座等部分组成。熔断管为钢纸制成，两端为黄铜制成的可拆式管帽，管内熔体为变截面的熔片，更换熔体较方便。RM10 系列的极限分断能力比 RC1A 熔断器有提高。	主要用于交流额定电压 380V 及以下、直流 440V 及以下、电流在 600A 以下的电力线路中，作导线、电缆及电气设备的短路和连接过载保护
RT0 系列有填料封闭管式熔断器	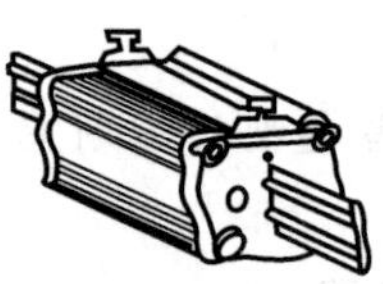 (a)外形 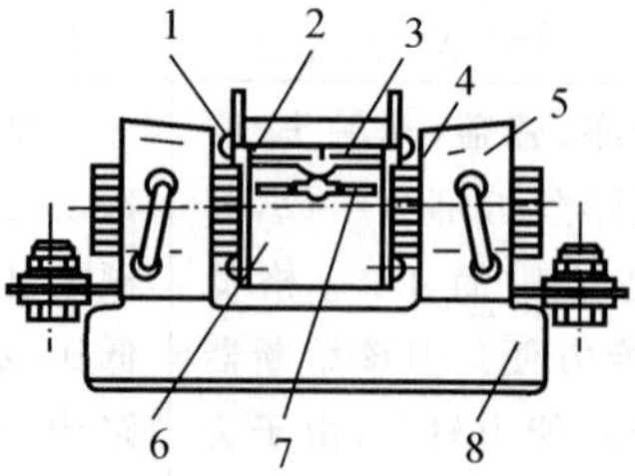 (b)结构	主要由熔管、底座、夹头、夹座等部分组成。熔管用高频电工瓷制成，熔体是两片网状紫铜片，中间用锡桥连接。熔体周围填满石英砂起灭弧作用，该熔断器的分断能力比同容量的 RM10 型大 2.5～4 倍。该系列熔断器配有熔断指示装置，熔体熔断后，显示出醒目的红色熔断信号，并可用配备的专用绝缘手柄在带电情况下更换熔管，装取方便，安全可靠	广泛用于交流 380V 及以下、短路电流较大的电力输配电系统中，作为线路及电气设备的短路保护及过载保护

续表

名　称	结构示意图	特　点	应用场合
	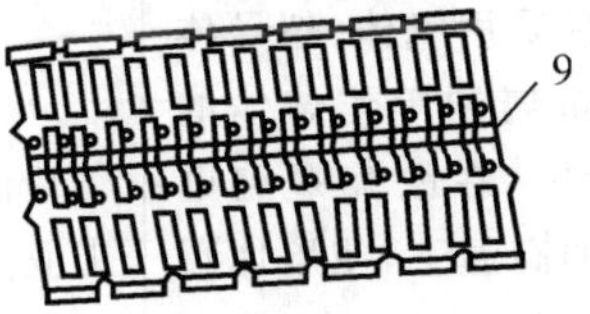 (c)锡桥 1—熔断指示器；　2—石英砂填料 3—指示器熔丝；　4—夹头 5—夹座；　6—底座 7—熔体；　8—熔管；　9—锡桥		
NG30系列有填料封闭管式圆筒帽形熔断器		熔断体由熔管、熔体、填料组成，由纯铜片制成的变截面熔体封装于高强度熔管内，熔管内充满高纯度石英砂作为灭弧介质，熔体两端采用点焊与端帽牢固连接。 熔断器支持件由底板、载熔体、插座等组成，由塑料压制的底板装上载熔体插座后，铆合或螺丝固定而成，为半封闭式结构，且带有熔断指示灯。熔体熔断时指示灯即亮	用于交流50Hz、额定电压380V、额定电流63A及以下工业电气装置的配电线路中，作为线路的短路保护及过载保护
RS0，RS3系列有填料快速熔断器（又称半导体器件保护用熔断器）		电力半导体器件的过载能力很差，采用熔断器保护时，要求过载或短路时必须快速熔断，一般在6倍额定电流时，熔断时间不大于20ms。故快速熔断器的主要特点是熔断时间短，动作迅速（小于5ms）。RS0，RS3系列，其外形与RT0系列相似，熔断管内有石英填料，熔体也采用变截面形状、导热性能强、热容量小的银片，熔化速度快	主要用于半导体硅整流元件的过电流保护。常用的有RLS，RS0，RS3等系列。RLS系列主要用于小容量硅元件及成套装置的短路保护；RS0和RS3系列主要用于大容量晶闸管元件的短路和过载保护，它们的结构相同，但RS3系列的动作更快，分断能力更高

续表

名称	结构示意图	特点	应用场合
自复式熔断器	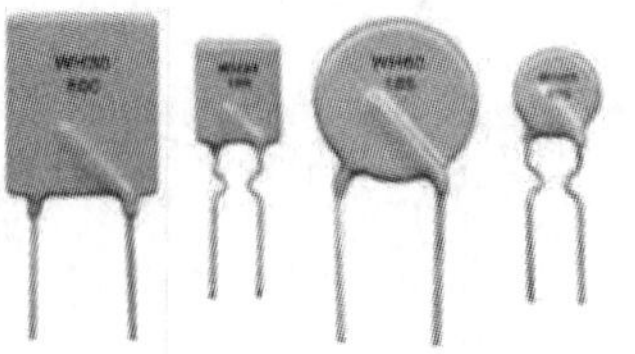	是一种采用气体、超导体或液态金属钠等作熔体的限流元件。在故障短路电流产生的高温下，使熔体瞬间呈现高阻状态，从而限制了短路电流。当故障消失后，温度下降，熔体又自动恢复至原来的低阻导电状态。自复式熔断器具有限流作用显著、动作时间短、动作后不必更换熔体、能重复使用、能实现自动重合闸等优点，在生产中应用广泛	目前自复式熔断器的工业产品有 RZ1 系列，它适用于交流 380V 的电路中与断路器配合使用。熔断器的电流有 100A、200A、400A、600A 4 个等级，在功率因数 $\varphi \leqslant 0.3$ 时的分断能力为 100kA

2.熔断器额定电压和额定电流的选用

熔断器的额定电压必须等于或大于线路的额定电压；熔断器的额定电流必须等于或大于所装熔体的额定电流；熔断器的分断能力应大于电路中可能出现的最大短路电流。

3.熔体额定电流的选用

(1)对照明和电热等电流较平稳、无冲击电流的负载和短路保护，熔体的额定电流等于或稍大于负载的额定电流。

(2)对一台不经常启动且启动时间不长的电动机的短路保护，熔体的额定电流 I_{RN} 应大于或等于 1.5～2.5 倍电动机额定电流 I_N，即

$$I_{RN} \geqslant (1.5 \sim 2.5)\, I_N$$

对多台电动机的短路保护，熔体的额定电流应大于或等于其中最大容量电动机的额定电流 $I_{N\max}$ 的 1.5～2.5 倍，再加上其余电动机额定电流的总和 $\sum I_N$，即

$$I_{RN} \geqslant (1.5 \sim 2.5)\, I_{N\max} + \sum I_N$$

常见低压熔断器的主要技术参数见表 3-2-5。

表 3-2-5　常见低压熔断器的主要技术参数

类别	型号	额定电压/V	额定电流/A	熔体额定电流等级/A	极限分断能力/kA	功率因数
瓷插式熔断器	RC1A	380	5	2,5	0.25	0.8
			10	2,4,6,10	0.5	
			15	6,10,15		

续 表

类别	型号	额定电压/V	额定电流/A	熔体额定电流等级/A	极限分断能力/kA	功率因数
瓷插式熔断器	RC1A	380	30	20,25,30	1.5	0.7
			60	40,50,60	3	1.6
			100	80,100		
			200	120,150,200		
螺旋式熔断器	RL1	500	15	2,4,6,10,15	2	≥0.3
			60	20,25,30,35,40,50	3.5	
			100	60,80,100	20	
			200	125,150,200	50	
	RL2	500	25	2,4,6,10,15,20,25	1	
			60	25,35,50,60	2	
			100	80,100	3.5	
无填料封闭管式熔断器	RM10	380	15	6,10,15	1.2	0.8
			60	20,25,35,45,60	3.5	0.7
			100	60,80,100	10	0.35
			200	100,125,160,200		
			350	200,225,260,300,350		
			600	350,430,500,600	12	0.35
有填料封闭管式熔断器	RT0	交流 380 直流 440	100	30,40,50,60,100	交流 50 直流 25	>0.3
			200	120,150,200,250		
			400	300,350,400,450		
			600	500,550,600		
有填料封闭管式圆筒帽形熔断器	RT18	380	32	2,4,6,8,10,12,16,20,25,32	100	0.1～0.2
			63	2,4,6,8,10,16,20,25,32,40,50,63		
快速熔断器	RLS2	500	30	16,20,25,30	50	0.1～0.2
			63	35,(45),50,63		
			100	(75),80,(90),100		

二、低压开关

1. 低压断路器的选用

低压断路器的选用原则如下：

(1)低压断路器的额定电压和额定电流应不小于线路、设备的正常工作电压和工作电流。

(2)热脱扣器的整定电流应等于所控制负载的额定电流。

(3)电磁脱扣器的瞬时脱扣整定电流应大于负载电路正常工作时的峰值电流。用于控制

电动机的断路器，其瞬时脱扣整定电流为

$$I_z \geqslant KI_{st}$$

式中，K 为安全系数，可取 1.5～1.7；I_{st} 为电动机的启动电流。

(4)欠压脱扣器的额定电压应等于线路的额定电压。

(5)断路器的极限通断能力应不小于电路的最大短路电流。

DZ5 系列低压断路器技术参数见表 3－2－6。

表 3－2－6　断路器技术参数

型号		DZ5－20				DZ5－50		
Ue V		AC380				AC380		
lnm 主触头 A		20				50		
		0.15,0.2,0.3,0.45,0.65,1,1.5,2,3,4.5,6.5,10,15,20				10,15,20,25,30,40,50		
lr A	配电用	10ln						
	保护电动机用	12ln				12ln		
lcu A	ln A	复式脱扣式	电磁式脱扣式	热脱扣式		液压式脱扣器阻尼式		
	0.15～6.5，10～20	1200,1500	1200,1500	14ln		2 500		
寿命次	有载	1 500				1 500		
	无载	8 500				8 500		
	总计	10 000				10 000		
每小时操作次数 次/h		120				120		
极数 P		2,3				3		
保护特性		热式和电磁脱扣式				液压式脱扣器阻尼式		
配电用	l/lr	1.05	1.3	2.0	3.0	1.05	1.2	1.5
	动作时间	≥1h 不动作	≥1h 不动作	<4min	可返回时间>1s	≥2h 不动作	<2h 不动作	<2min 动作
保护电动机用	l/lr	1.05	1.2	1.5	7.2	7.2		1.2
	动作时间	≥2h 不动作	<2h 不动作	<2min	可返回时间>1s	可返回时间>1s		<0.2s

2. 开启式负荷开关的选用

HK 系列开启式负荷开关用于一般的照明电路和功率小于 5.5kW 的电动机控制线路中。这种开关没有专门的灭弧装置，其刀式动触头和静夹座易被电弧灼伤引起接触不良，因此不宜用于操作频繁的电路。其具体选用方法：①用于照明和电热负载时，选用额定电压 220V 或 250V、额定电流不小于电路所有负载额定电流之和的两极开关。②用于控制电动机的直接启动和停止时，选用额定电压 380V 或 500V，额定电流不小于电动机额定电流 3 倍的三极开关。

HK 系列开启式负荷开关的主要技术数据见表 3－2－7。

表 3-2-7　HK 系列开启式负荷开关的主要技术数据

型　号	极　数	额定电流 A	额定电压 V	可控制电动机最大容量/kW		配用熔丝规格			
				220V	380V	熔丝成分/(%) 铅	锡	锑	熔丝线径/m
HK1-15	2	15	220	—	—	98	1	1	1.45～1.59
HK1-30	2	30	220	—	—				2.30～2.52
HK1-60	2	60	220	—	—				3.36～4.00
HK1-15	3	15	380	1.5	2.2				1.45～1.59
HK1-30	3	30	380	3.0	4.0				2.30～2.52
HK1-60	3	60	380	4.5	5.5				3.36～4.00

3.组合开关的选用

组合开关应根据电源种类、电压等级、所需触头数、接线方式和负载容量进行选用。用于控制小型异步电动机的运转时，开关的额定电流一般取电动机额定电流的 1.5～2.5 倍。

组合开关的主要技术数据见表 3-2-8。

表 3-2-8　HZ10 系列组合开关主要技术数据

型　号	额定电压/V	额定电流/A 单　极	三　极	380V 时可控制电动机的功率/kW
HZ10—10	直流 220V 或交流 380V	6	10	1
HZ10—25		—	25	3.3
HZ10—60		—	60	5.5
HZ10—100		—	100	—

三、接触器的选择

(1)选择接触器的类型。根据接触器所控制的负载性质选择接触器的类型。通常交流负载选用交流接触器，直流负载选用直流接触器。

(2)选择接触器主触头的额定电压。接触器主触头的额定电压应大于或等于所控制线路的额定电压。

(3)选择接触器主触头的额定电流。接触器主触头的额定电流应大于或等于负载的额定电流。控制电动机时，可按下列经验公式计算(仅适用于 CJ10 系列)：

$$I_C = \frac{P_N \times 10^3}{KU_N}$$

式中，K 为经验系数，一般取 1 ～ 1.4；P_N 为被控制电动机的额定功率，kW；U_N 为被控制电动机的额定电压，V；I_C 为接触器主触头电流，A。

接触器若用于频繁启动、制动及正反转的场合，应将接触器主触头的额定电流降低一个等级使用。

(4)选择接触器吸引线圈的额定电压。当控制线路简单、使用电器较少时，可直接选用

380V 或 220V 的电压。若线路较复杂、使用电器的个数超过 5 只时，可选用 36V 或 110V 电压的线圈，以保证安全。

(5)选择接触器触头的数量和种类。接触器的触头数量和种类应满足控制线路的要求。常用 CJ10 系列和 CJ20 系列。

四、热继电器的选用

选用热继电器时，主要根据所保护的电动机的额定电流来确定热继电器的规格和热元件的电流等级。

(1)根据电动机的额定电流选择热继电器的规格。一般应使热继电器的额定电流略大于电动机的额定电流。

(2)根据需要的整定电流值选择热元件的编号和电流等级。一般情况下，热元件的整定电流应为电动机额定电流的 0.95～1.05 倍。

(3)根据电动机定子绕组的连接方式选择热继电器的结构形式，即定子绕组作 Y 形连接的电动机选用普通三相结构的热继电器，而作△形连接的电动机应选用三相结构带断相保护装置的热继电器。

五、按钮的选用

(1)根据使用场合和具体用途选择按钮的种类。

(2)根据工作状态指示和工作情况要求，选择按钮或指示灯的颜色。

(3)根据控制回路的需要选择按钮的数量。

四、计划任务完成时间

对任务完成的时间进行计划见表 3-2-9。

表 3-2-9　计划任务完成时间表

任　务	计划完成时间/min	实际完成时间	备　注
施工前准备	20		
元件安装固定	20		
板前配线	90		
线路调试	30		

学习活动三　施工前的准备

一、劳保、安全措施准备

按表 3-3-1 准备劳保用品和做好安全措施。

表 3－3－1　劳保、安全措施准备表

序　号	项　目	准备内容	是否具备
1	劳保	安全帽	
		工作服	
		绝缘鞋	
2	安全措施	工作票填写	
		警示牌	
		接地线	

引导问题 3－3－1　如果不采取安全措施可能会有什么后果？

二、工具、元器件、耗材准备

根据元件清单，填写领料单(见表 3－3－2)，并领出所需器件。

表 3－2－10　领　料　单

领料部门　　　　　　　　　　　　　　　　　　　　　　　No：

生产单号：　　　　　　　　　　　　　　　　　　　　年　　月　　日

序　号	品名	型号规格	单位	请领数量	实发数量	备注

制单：　　　　　　审核：　　　　　　领料：　　　　　　发料：

学习活动四　学习任务实施

学习过程

一、工序及工期安排

工序及工期安排见表 3－4－1。

表 3-4-1　工序及工期安排表

序　号	工序工作内容	完成时间	备　注
1	工序一名称:器件检测		
2	工序二名称:器件安装		
3	工序三名称:板前配线		
4	工序四名称:线路调试		

二、任务实施

1. 实施工序一:器件检测

将器件检测数据记录在表 3-4-2 中,并判断其是否合格。

表 3-4-2　元器件检测报告表

序　号	元器件名称	检测数据	是否合格
1			
2			
3			
4			
5			
6			
7			

2. 实施工序二:器件安装

(1)按图 3-4-1 所示尺寸安装元器件。

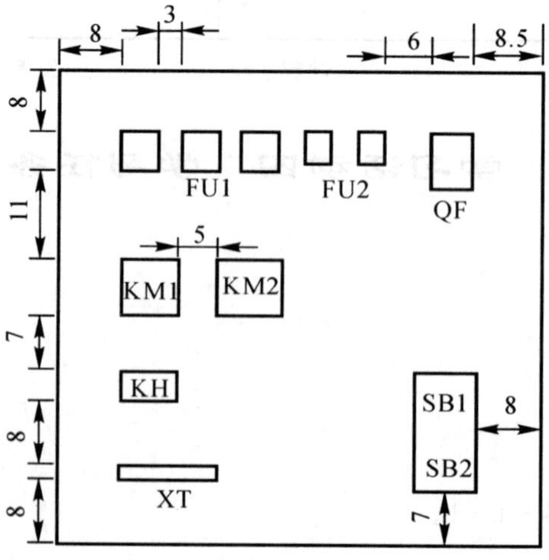

图 3-4-1　接触器联锁正反转控制线路元器件布置图

(2)元器件安装质量检测报告。元器件安装完毕后，根据安装工艺要求进行安装质量检查，将检查结果记录到表 3－4－3，并对安装质量不合格的进行重新安装。

表 3－4－3　元器件安装质量检测报告表

序　号	元器件名称	安装质量检测	是否合格
1			
2			
3			
4			
5			
6			

3. 实施工序三：板前配线

(1)按图 3－1－3 所示原理图进行板前接线。

引导问题 3－4－1　如何照原理图进行接线？

(2)自检接线质量。根据表 3－4－4 接线质量自检表内容进行自检，并将结果填入表内。

表 3－4－4　接线质量自检表

序　号	检查项　目	检查内容	检查结果
1	布线工艺	接点是否有松动、漏铜过长、反圈现象	
		走线工艺是否符合要求，有无交叉现象	
		是否有损伤导线绝缘或线芯现象	
2	接线正确性	是否照接线图接线	

引导问题 3－4－2　接触器联锁正反转控制线路电阻法检测接线是否正确的检测内容有哪些？

小贴士

照原理图接线方法

电动机基本控制线路原理图又称电路图，是根据生产机械运动形式对电气控制系统的要求，采用国家统一规定的电气图形符号和文字符号，按照电气设备和电器的工作顺序排列，详细表示电路、设备或成套装置的全部基本组成和连接的一种简图，它能充分表达电气设备和电器的用途、作用及线路的工作原理，是电气线路安装调试和维修的理论依据。因此，能照电路图正确接线就成为实现生产机械运动对电气控制要求的重要保证。

一、电动机基本控制线路原理图采用电路编号法

电动机基本控制线路原理图采用电路编号法，即对电路中的各个接点用字母或数字编号。

主电路在电源开关的出线端按相序依次编号为 U11,V11,W11;然后按从上至下、从左至右的顺序,每经过一个元件后,编号要递增,如 U12,V12,W12;U13,V13,W13……单台三相交流电动机(或设备)的三根引出线,按相序依次编号为 U,V,W。对于多台电动机引出线的编号,为了不致于引起误解和混淆,可在字母前用不同的数字加以区别,如 1U,1V,1W;2U,2V,2W……

辅助电路编号按"等电位"原则,按从上至下、从左至右的顺序,用数字依次编号,每经过一个元件后,编号要递增。控制线路编号的起始数字必须是 1,其他辅助电路编号的起始数字依次递增 100,如照明电路编号从 101 开始;指示电路编号从 201 开始等。如图 3-4-2 所示。

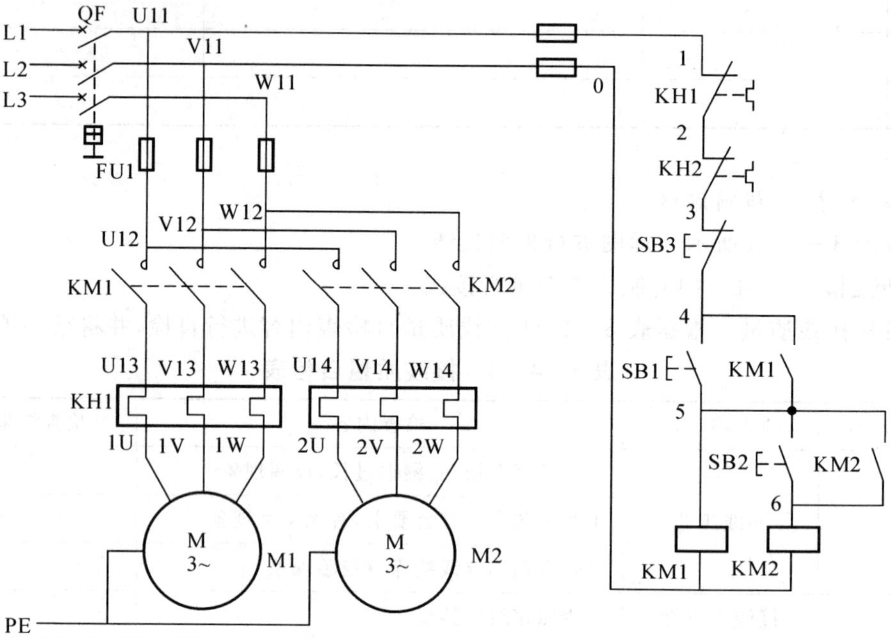

图 3-4-2 电路编号图

二、电动机基本控制线路安装布线要求

主电路安装布线要求:应从上至下、从左至右的接线原则;控制线路安装布线要求:应采取就近连接的原则,连接导线使用尽量短、少。

工艺要求(板前明线布线):布线通道要尽可能少,同路并行导线按主、控电路分类集中,单层密排,紧贴安装面布线;布线应横平竖直、分布均匀,变换走向时应垂直转向;同一平面的导线应高低一致或前后一致,不能交叉;非交叉不可时,该根导线应在接线端子引出时就水平架空跨越,且必须走线合理;布线时严禁损伤线芯和导线绝缘;每根导线中间不得有接头;一个电器元件接线端子上的连接导线不得多于两根,每节接线端子板上的连接导线一般只允许连接一根。

三、照电动机基本控制线路原理图接线方法

根据电动机基本控制线路安装布线要求结合工艺要求,针对不同层次的电气安装工,现将

照电动机基本控制线路原理图进行线路安装的方法归纳如下：

1. 接点接线法

接点接线法，是针对初学者学习照电路图接线的一种易上手，同时又能确保接线正确的接线方法。前提条件是，学习者已经掌握各种低压电器的工作原理，熟悉了各种低压电器的图形和文字符号，并对电路图的绘制原则也已熟悉。具体方法如下：

(1)对于接点，均为“等电位”点，因此，将等电位点接完后就不再会有其他的导线还接到这个接点所接的所有电器元件的接线端上。所以首先是一个接点一次接完。

(2)同一个接点按区域连接的方法，是一个接点必须一次接完的延续，符合连接导线使用尽量短、少的原则。如图 3-4-3 中接点 3，可将正转启动按钮 SB2、反转启动按钮 SB3 和停止按钮 SB1 为一个区域进行连接，接触器 KM1 自锁触头和接触器 KM2 自锁触头为一个区域进行连接，然后只需用一根导线将这两个区域经端子排连接在一起，就完成了该接点的连接。

(3)按回路接点进行接线：以图 3-4-2 为例，应按接点 0—5—4—3—2—1 的顺序进行回路接线，然后再接 7—6 这条支路。这种接线顺序既符合控制线路安装布线要求就近连接的原则，又便于初学者清理接线端子。比如 0 接点，我们按就近连接原则，将离熔断器 FU2 近的接触器 KM1 和 KM2 线圈接线端子相连，这样就先确定了接触器线圈接线端子的位置；那么接点 5(或接点 7)就只需找接触器 KM1(或接触器 KM2)线圈另一个还没接线的接线端子进行接线就行，同时也将接触器 KM1(和接触器 KM2)互锁触头接线端子的位置确定了……以此类推。将每个接点都接完，那么，照电动机基本控制线路原理图接线就已完成。

2. 区域接线法

区域接线法，是建立在接点接线法的基础之上的一种接线方法，主要作用是使板前明线布线的布线工艺更加符合工艺要求。该种接线方法，要求安装者对电动机基本控制线路原理图非常熟悉。

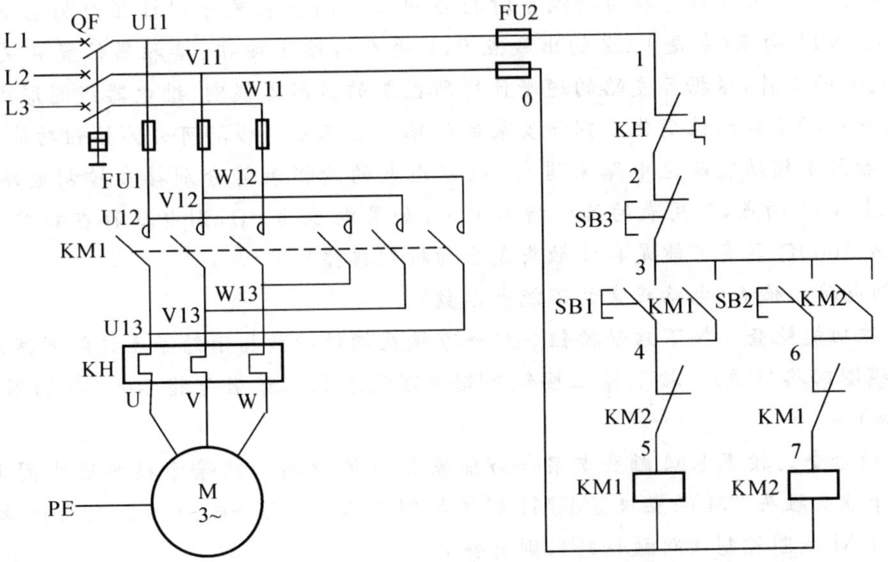

图 3-4-3　接触器联锁正反转控制线路原理图

(1)区域划分。为了能使走线合理，无交叉；我们首先将元件布置进行区域划分，划分的原则以元器件的功能为主线。以图 3－4－3 为例，我们将该图划分为三个区域，一是开关和熔断器区域；二是接触器、热继电器区域；三是按钮区域。

（2）走线方法是实现板前明线布线的布线工艺符合工艺要求的保证。首先按划分区域将区域内需要相互连接的接线端子相连，然后将开关、熔断器区域与接触器、热继电器区域两区域间须相连的接点相连；再将这两区域中需与按钮区域相连的接线端子导线按从里到外的顺序排列接到端子排上，最后用软线对应连接到按钮内。

以上两种照电动机基本控制线路原理图接线的方法，能为维修电工照原理图安装设备线路提供接线方法，同时也为线路故障查找提供依据。

小贴士

线路故障的检修

1. 线路故障检修的方法

（1）用试验法观察故障现象，初步判定故障范围。

（2）用逻辑分析法缩小故障范围。

（3）用测量法（电压测量法和电阻测量法）确定故障点：安装前测量各元件是否完好，坏的要修理好，修不好的要更换新的，同时要测量并记下自己所用交流接触器 KM1，KM2 线圈的直流电阻，具体的数值不同型号的接触器有较大差别，如常用的 CJ10－20 交流接触器线圈直流电阻约 2000Ω、而型号较新的 S－K21 线圈直流电阻则只有几百欧姆。首先，用万能表电阻档测量熔断器 FU1，FU2，FU3，应该是电阻为 0Ω，若不导通，则更换熔体或重拧紧熔断器的瓷帽直到导通良好，然后才能进行下面的自检测量。万能表选用合适的档位，档位过大使示数太小、误判是短路，档位过小使示数很大、误判为开路，严重会影响到测量的准确性；一般选择 R×10Ω 档或者 R×100Ω 档。在自检测量时把万用表的两根表笔分别接在控制电路的起点即 FU2 的 U11，V11 两点（或是 FU2 的出线点 0，1 两点），按下按钮、接触器位置开关等元件来模拟控制元件的工作，根据各支路的通断使得所控制的接触器线圈、继电器线圈形成并联或断开，从万电表所指示的阻值变化来判断安装的线路是否正确。步骤可分为按钮功能、接触器自锁功能、接触器互锁功能及主电路来进行，把万用表的两根表笔分别接在控制电路的起点即 FU2 的 U11，V11 两点，万用表的读数指示为∞（如果电阻为 0Ω，则电路存在短路；如果电阻为 2000Ω 或 1000Ω 则有可能是自锁触头或启动按钮接错）。

2. 控制电路的检查（电路正常的万能表示数）

（1）按钮功能检查。按下启动按钮 SB1→万能表指针读数指示约等于接触器线圈电阻（接触器 KM 线圈回路接通）。按下停止按钮 SB2→万能表指针读数先指示∞（接触器 KM 线圈回路被切断）。

（2）自锁检查。按下 KM 触头支架→万能表指针读数指示约等于接触器线圈电阻（接触器 KM 常开辅助触头 3，4 两点接通 KM1 线圈控制回路），按下 SB2→万能表指针读数指示约∞（接触器 KM 线圈控制回路被切断），则自锁正常。

（3）主电路的检查。主电路的检查一般是在控制电路检查完后进行，主要目的是为了检查主电路是否存在短路。在检查主电路时由于电动机每相绕组的直流电阻较小，一般在 10Ω 以下，电阻档应该选择 R×1Ω 档。接上电动机后按各接触器的工作顺序按下接触器触头支架模拟接触器工作，同时用万能表测量总开关出线点U11，V11，W11两两间的电阻，电阻大小应该相等且为电动机任意两根电源引线间电阻。若出现电阻为零，说明主电路出现短路；如果出现电阻较大或∞，说明主电路存在接触不良或开路。在图3-4-3电路中，假设电动机M的绕组是△形连接，每相绕组电阻为5Ω，则测量步骤如下：按下KM触头支架，用万用表的两根表笔分别测量U11—V11，U11—W11，V11—W11间的电阻，读数应为10Ω；经过测量后若电阻值符合以上规律，电路接线基本正确没有存在严重的故障(短路)，通电成功率高。

学生在自检测量过程中提高了分析判断电路的水平。最后要提醒，在接通电源后通电试车前应该用电压测量法测量各熔断器的输出电压是否正常，若不正常要找出原因；当控制电路能正常控制后，一定要测量连接电动机的电源输出端子的电压是否正常，以免造成电动机通电时缺相。

4. 实施工序四：线路调试

(1)通电前的准备工作见表3-4-5。

表3-4-5　通电前准备情况记录表

序　号	准备项　目	准备内容	是否合格
1	接线正确性	电源相序为正相序	
2	接地线连接	电动机、控制开关的金属外壳接地	
3	绝缘电阻检测	线路绝缘电阻检测值为1MΩ	
4	电动机检测	电动机机械检查转子转动灵活	
		电气检测定子绕组绝缘电阻不小0.5MΩ	
		电动机使用电源电压和接法必须与铭牌规定一致	

(2)通电试车。按照表3-4-6所列的操作顺序进行通电试车，并将已操作步骤填入表中。

表3-4-6　通电试车操作步骤表

序　号	应操作步骤	已操作
1	连接电源线	
2	合上电源断路器	
3	合上控制线路断路器QF	
4	按下正转启动按钮SB1	
5	观察电动机正转运行情况	
6	按下停止按钮SB3	
7	电动机停止运行	
8	按下反转启动按钮SB2	
9	观察电动机反转运行情况	
10	按下停止按钮SB3	

续表

序号	应操作步骤	已操作
11	电动机停止运行	
12	断开控制线路断路器	
13	断开电源断路器	
14	断开电源线	

(3)按6S管理要求清理现场。根据6S管理对实训场地进行清理、清扫；对工位进行整理、整顿。

三、任务完成评价

以个人为单位，展示个人安装成果。根据表3-4-7评分标准进行评分。

表3-4-7 评分表

评价内容		分值	评分		
			自我评价	小组评价	教师评价
器件选测	器件型号规格选择正确	10			
	器件好坏检测正确				
器件安装	安装方法、步骤正确，符合工艺要求	10			
	元器件安装牢固、合理、整齐				
板前布线	按电路图正确接线	40			
	布线方法、步骤正确，符合工艺要求				
	布线横平竖直，整洁有序，接线紧固美观				
	电源和电动机按钮正确接到端子排上，并准确注明引出端子号				
	接点牢固、接头漏铜长度适中，无反圈、压绝缘层、标记号不清楚、遗漏或误标等问题				
	施工中导线绝缘层或线芯无损伤				
线路调试	主回路调试	30			
	控制回路调试				
	设备正常运转无故障或出现故障正确排除				
安全文明生产	遵守安全文明生产规程	10			
	施工完成后认真清理现场				
施工额定用时 210 min　实际用时＿＿＿＿＿＿　超时扣分：					
合计					
实施综合评价等级 (D<60分　60<C<80　80<B<90　90<A)					

学习活动五　考评与总结

学习过程

以小组形式完成对学习过程的综合评价，并对学习过程和实训成果进行汇报总结。

一、任务考核与评价

1. 技能考核

参考表 3－5－1 进行技能考核。

表 3－5－1　技能考核与评价标准

评分内容	配　分	评价标准	扣分情况	得　分
运行成功率	40 分	接线正确，通电后电动机运转成功	1. 电动机不能正常转动或不能停止，扣 10 分 2. 电动机不能实现正转，扣 5 分 3. 电动机不能实现互锁，扣 5 分 4. 短路，扣 20 分	
挂件	20 分	安装元器件，符合工艺要求	1. 选择元器件及检查 5 分 2. 元器件安装美观度 5 分 3. 元器件安装可靠性 5 分 4. 元器件安装合理性 5 分	
布线	20 分	布线整齐、美观，导线用量合理，符合工艺要求	1. 选线准确 2 分； 2. 布线交叉情况 3 分； 3. 接触良好 3 分； 4. 总体美观，用线量合理 10 分	
安全试车	10 分	操作安全规范，对存在的故障能独立自行排除	1. 存在故障找不出原因或不能排除的根据故障情况适当扣分。 2. 没有遵守安全操作规范通电试车的扣 10 分	
工时	10 分	按规定工时	每超过 15 min 扣 2 分	
考核项　目	接触器联锁正反转控制线路			
小组分工	（分工时小组成员应轮换工序）			
考核			合计总分	
综合评价等级				
（D＜60 分　60＜C＜80　80＜B＜90　90＜A）				

2. 综合评价（知识、技能、素养）

根据课题完成过程中，学生的综合表现进行自我、小组、教师评价，并于表 3－5－2 中。

表 3－5－2　综合评价表

评价项目	评价内容		评价标准	评价方式		
				自我评价	小组评价	教师评价
职业素养	过程化考核	安全意识、责任意识	A 作风严谨、自觉遵章守纪、出色完成工作任务； B 能够遵守规章制度、较好完成工作任务； C 遵守规章制度、没完成工作任务或完成工作任务、但忽视规章制度； D 不遵守规章制度、没完成工作任务			
		学习态度、主动性	A 积极参与教学活动，全勤； B 缺勤达本任务总学时的 10%； C 缺勤达本任务总学时的 20%； D 缺勤达本任务总学时的 30%			
		团队合作意识	A 与同学协作融洽、团队合作意识强； B 与同学能沟通、协同工作能力较强； C 与同学能沟通、协同工作能力一般； D 与同学沟通困难、协同工作能力较差			
职业技能		工序一评价	A 不仅自己熟练掌握技能要求，还能辅导他人； B 已熟练掌握技能要领，并完全达到要求； C 初步掌握技能要领，能独立操作但不熟练； D 正在学习技能与要求，但不能独立操作			
		工序二评价	A 不仅自己熟练掌握技能要求，还能辅导他人； B 已熟练掌握技能要领，并完全达到要求； C 初步掌握技能要领，能独立操作但不熟练； D 正在学习技能与要求，但不能独立操作			
		工序三评价	A 不仅自己熟练掌握技能要求，还能辅导他人； B 已熟练掌握技能要领，并完全达到要求； C 初步掌握技能要领，能独立操作但不熟练； D 正在学习技能与要求，但不能独立操作			
		工序四评价	A 不仅自己熟练掌握技能要求，还能辅导他人； B 已熟练掌握技能要领，并完全达到要求； C 初步掌握技能要领，能独立操作但不熟练； D 正在学习技能与要求，但不能独立操作			
	终结考核	知识与技能	A 评价成绩为 90～100 分； B 评价成绩为 75～89 分； C 评价成绩为 60～75 分； D 评价成绩为 0～60 分			

续 表

<table>
<tr><td rowspan="2">评价
项　目</td><td rowspan="2">评价内容</td><td rowspan="2" colspan="2">评价标准</td><td colspan="3">评价方式</td></tr>
<tr><td>自我
评　价</td><td>小组
评价</td><td>教师
评价</td></tr>
<tr><td colspan="2">学生签名</td><td></td><td>综合评价等级</td><td colspan="3"></td></tr>
<tr><td colspan="2">综合评价建议</td><td colspan="5"></td></tr>
<tr><td colspan="2">指导教师</td><td></td><td>日期</td><td colspan="3"></td></tr>
</table>

二、工作总结

1. 学生总结

以小组为单位，选择演示文稿、展板、海报、录像等形式中的一种或几种，向全班展示、汇报学习成果，并将交流记于表 3－5－3 中。

表 1－5－3　经验交流记录表

业务实施过程		持续改进、行动计划		学习与工作宝贵经验
提出人	过程记录	提出人	改进记录	经验记录

2. 教师点评与总结

本课题主要是给学生一个职业感知，一是使学生对本课程所学的知识技能有初步的了解；二是加强学生对企业的文化和制度以及专业规范要求的解读。

小贴士

技术资料档案管理制度

1. 目的

1.1　对各项工作中形成的记录、科技资料、往来文件(书)档案进行控制,为质量体系有效运行和检测工作符合要求提供证据,为工作改进提供依据。

2. 范围

2.1　适用于质量控制和检测活动中的各种质量记录和技术记录、各部门间的往来文件、科技资料的归档管理等。

3. 职责

3.1　质控部办公室人员负责往来文件收集、立卷及各科室立卷的保管;负责在岗人员的人事、业绩考核资料的立卷、归档管理。

3.2　各科室负责与其相关的往来文件、仪器设备等资料的收集、立卷。

3.3　财务人员负责会计帐册、报表的立卷、归档管理。

3.4　宣传人员负责影像资料的收集归档管理。

3.5　质量管理人员负责会同有关科室设计和统一质量记录、技术记录的格式及健康相关产品的检验报告,做好质量体系活动与技术运作中形成的各类记录的收集、整理、立卷与归档保管。

3.6　办公室主任负责审批档案室保存档案的借阅。

3.7　质量主管组织评审质量记录和技术记录的格式并批准实施。

3.8　各科室在质量活动和技术运作时,按要求填写质量记录和技术记录,做好各类记录的收集。

3.9　各科室兼职档案员负责本科室记录的预立档和移交。

3.10　技术主管批准到期记录(档案)的销毁处理。

4. 程序

4.1　记录格式的确定

4.1.1　技术记录的格式可由各科室设计,各科室负责人审核。

4.1.2　质量记录的格式由质量管理人员组织设计,经质量主管审核。

4.1.3　质量主管组织评审质量记录和技术记录的格式,并批准实施。

4.1.4　所有经批准受控的记录格式由质量管理科统一编码标识,编制记录清单,并发布使用,非受控表格经科室负责人审核同意后直接投入使用。

4.1.5　在评审和使用过程中发现记录格式不适用时,由使用部门修改或修订,经相应审批后发布使用。质量管理人员负责通知有关部门和人员,发放新的格式表。

4.1.6　上级部门规定的记录格式直接采用,并将其编码列入记录清单。

4.2　记录的内容要求与改进

4.2.1　格式栏目中所要求填写的内容必须满足信息足够的原则,并经科室负责人审核批准;科室负责人应定期组织有关技术骨干对记录格式的必要性、充分性和可追溯性进行评定,并随着实践不断改进完善。各科室应有记录格式的控制清单,在批准起用新格式时,原有的格式应予以废除停用。

4.2.2　原始记录要包含有足够的信息以保证检验工作的可复现性。检验原始记录的内容应包括：样品受理编号、收检日期、样品名称、样品批号、检验项目、检测依据、器材记录、环境条件记录、检验起止日期、检验结果及导出数据、检验人员和校(复)核人员签字等。

4.3　记录的填写

4.3.1　各科室负责人应根据以上职责和“记录的管理流程”(附后)要求认真做好本科室各项工作记录填写的组织、管理工作。

4.3.2　记录填写应及时、正确、真实、齐全、清晰、明了，不得用铅笔填写。

4.3.3　记录上必须有记录人的签名，有审核、批准要求的，相应的签字人应按文件规定要求进行审核、批准、签字。

4.3.4　检测的技术记录要记录技术操作的过程及结果再现所需的足够信息，注意详细记录每次测定条件和环境条件，不得遗漏。检测的原始记录中有检测人、校核人的签名。

4.4　记录的更改

4.4.1　当记录中出现差错时，应遵循记录的更改原则：被更改的原始记录仍必须清楚可见，不允许消失或不清楚(采用“杠改法”)，更改后的值(或文字)应在被更改值(或文字)的右上方，并由检测人在改正的内容旁签名或盖章。

4.4.2　如需改正的数据或文字篇幅较大时，可将其划框线，中间划一横线，在方框的右上方标识“作废”两字，由改正者在改正的内容旁签名或盖章。

4.4.3　电子存储记录更改也必须遵循上述更改原则，以免原始数据丢失或改动。

4.5　记录(档案)的收集与归档

4.5.1　本单位的记录、档案实行分级管理，即由档案室和各科室分别存档。

4.5.2　记录要定期收集、归档。原始记录随存档检验报告归档。年度办理完毕的文件、记录资料由科室兼职档案员收集、立卷，科室负责人审定签字；记录档案卷宗上应有该记录的标识、记录的名称及代码、归档日期、保存期限等内容。质量管理主管负责质量体系文件、检验过程资料的收集编目和归档。

4.5.3　各科室的质量记录由本科室人员收集，本科室兼职档案员每季度收集汇总一次，按记录内容分类编目，年末进行预立卷后，凡重要的质量控制或涉及质量控制的法规文件填写《档案移交清单》，于规定时间交档案室归档。

4.6　记录的保存和管理

4.6.1　档案管理员注意对各类记录进行分类编目、装订保存，按“年度—科室—保存期限分类法”进行排列和编制《全引目录》、《案卷目录》和《收发文本》。由办公室主任、档案员及有关科室负责人根据档案内容确定保管期限。记录、档案的保存期一般为五年，特殊情况需长期保存的另立册存档(如仪器档案、人事档案、图纸等)；超过保存期限的记录、档案，由保管人造册，列出销毁清单，科室负责人审核，报技术管理层批准后销毁。。

4.6.2　档案保存室的环境要适宜，能防盗(铁柜、铁门、铁窗)、防火、防虫、防鼠、防光、防潮、防霉。对损失或变质的档案资料应及时修复或复制；设置记录档案框架。

4.6.3　记录档案应存放有序，便于存取、检索和借阅。严格遵守保密纪律和制度，执行相应的保密和保护所有权的程序

4.6.4　电子媒体的记录应确保软盘、硬盘、光盘不受损坏，确保记录完整。

4.6.5 档案员要及时对档案的收进、移出、整理、鉴定、保管数量和利用情况进行统计，填写《档案统计登记表》报上级部门。

4.7 记录(档案)的借阅

4.7.1 对一般档案，人员对记录(档案)的检索和借阅需经相应档案管理科室负责人同意，填写《借阅档案登记表》，和借阅本专业范围的业务档案，受控文件资料借阅按《文件控制程序》执行。

4.7.2 外部人员查阅或拷贝记录(档案)，质量档案须经质量管理科负责人批准，其他档案经相关管理部门批准。所有记录(档案)只可就地查阅，不予外借。

4.7.3 工作人员借阅档案资料应先提出申请，经相关科室负责人批准后借阅与本人目前从事专业有关的资料。借阅人必须妥善保管好档案资料，发现有损、撕、涂改或泄露档案内容者，档案管理者必须及时向有关领导汇报，采取适当的纠正措施。

4.8 记录的清理、处置和销毁

4.8.1 办公室主任(或科室负责人)会同档案员对保存期满的档案(记录)进行审阅，有价值的档案继续保存，确认无需保存而又不能外泄的档案填写《档案销毁清理册》报技术管理层审批同意后，由规定机构监督销毁。

附：

记录的管理流程

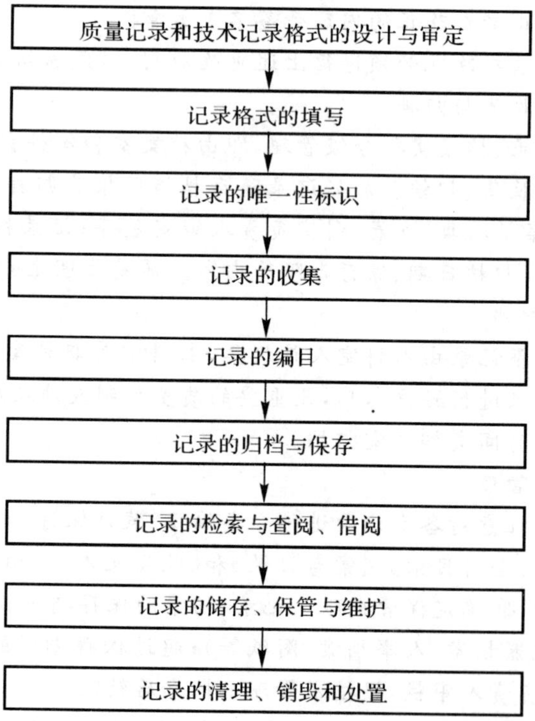

2. 教师点评与总结

本课题重点是培训学生照原理图按线能力，同时加强对线路工作原理分析能力。

学习拓展

双重联锁正反转控制线路

接触器联锁正反转控制线路，电动机从正转变为反转时，必须先按下停止按钮后，才能按反转启动按钮，否则由于接触器的联锁作用，不能实现反转。因此线路工作安全可靠，但操作不便。

如果把正转按钮 SB1 和反转按钮 SB2 换成两个复合按钮，并把两个复合按钮的常闭触头也串接在对方的控制电路中，构成如图 3－5－1 所示的按钮和接触器双重联锁正反转控制线路，就能克服接触器联锁正反转控制线路操作不便的缺点，使线路操作方便，工作安全可靠。

接触器、按钮双重联锁正反转控制线路如图 3－5－1 所示。

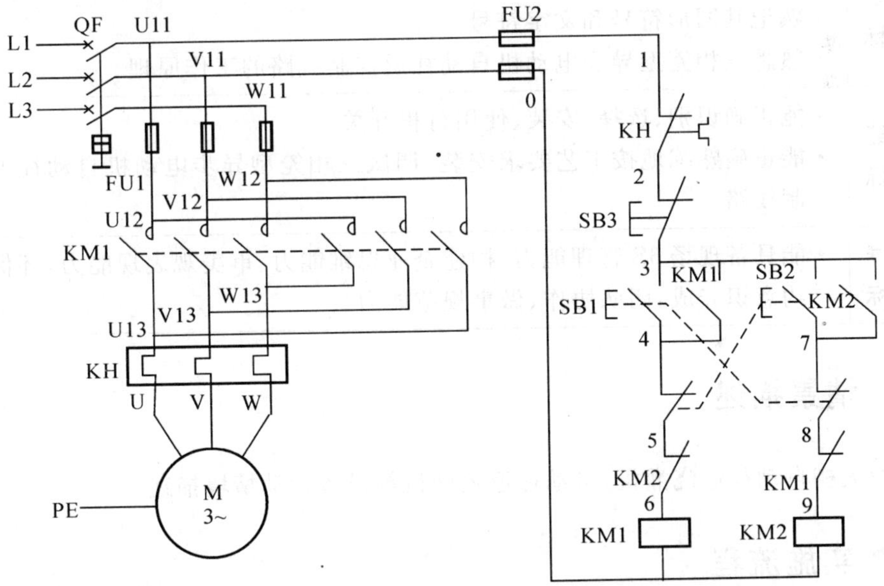

图 3－5－1　接触器、按钮双重联锁正反转控制线路原理图

任务四　三相笼型异步电动机位置控制线路安装与调试

学习目标

知识目标	·熟悉行程开关的功能、基本结构、工作原理、型号含义； ·熟记其图形符号和文字符号 ·熟悉三相笼型异步电动机自动往返控制线路的工作原理
技能目标	·能正确识别、选择、安装、使用行程开关 ·能正确熟练地按工艺要求安装、调试三相笼型异步电动机自动往返控制线路
素养目标	·能具备现场6S管理能力、构建企业思维能力、审美观表现能力，环保节约意识养成，团队协作、做事规范能力

情景描述

以农业大棚自动往返浇灌机，自动往返喷塑机等设备运动情境描述。

实施流程

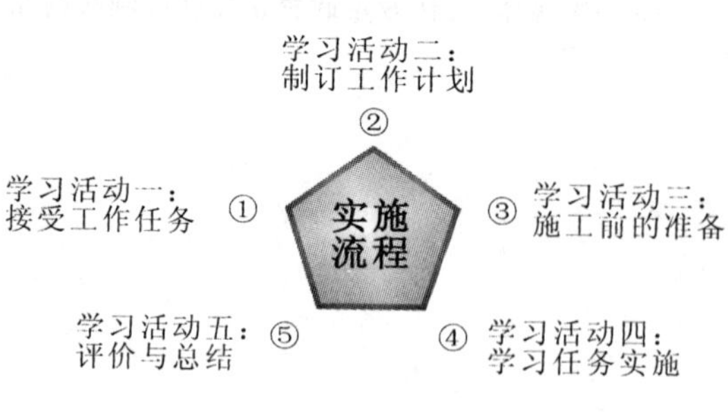

学习活动一　接受工作任务

学习过程

一、讨论情景描述中设备的运行方式

(1)讨论图 4-1-1 中设备的运行方式。

引导问题 4-1-1　图 4-1-1 中的设备是如何工作的?

(a)　　　　(b)

图 4-1-1　用自动往返控制的设备

(a)农业浇灌机；(b)自动往返喷塑设备

小词典

位置控制

利用生产机械运动部件上的挡铁与行程开关碰撞,使其触头动作来接通或断开电路,以实现对生产机械运动部件的位置或行程的自动控制的方法称为位置控制,又称行程控制或限位控制。实现这种控制要求所依靠的主要电器是行程开关。

行程开关

行程开关是一种利用生产机械某些运动部件的碰撞来发出控制指令的主令电器,主要用于控制生产机械的运动方向.速度快,行程大小或位置,是一种自动控制电器。

行程开关的作用原理与按钮相同,区别在于它不是靠手指的按压,而是利用生产机械运动部件的碰压使其触头动作,从而将机械信号转变为电信号,使运动机械按一定的位置或行程实现自动停止、反向运动、变速运动或自动往返运动等。

机床中常用的行程开关有 LX19 和 JLXK1 系列,各系列行程开关的基本结构大体相同,都是由操作机构、触头系统和外壳组成,如图 4-1-2(a)所示,行程开关在电路图中的符号如图 4-1-2(c)所示。

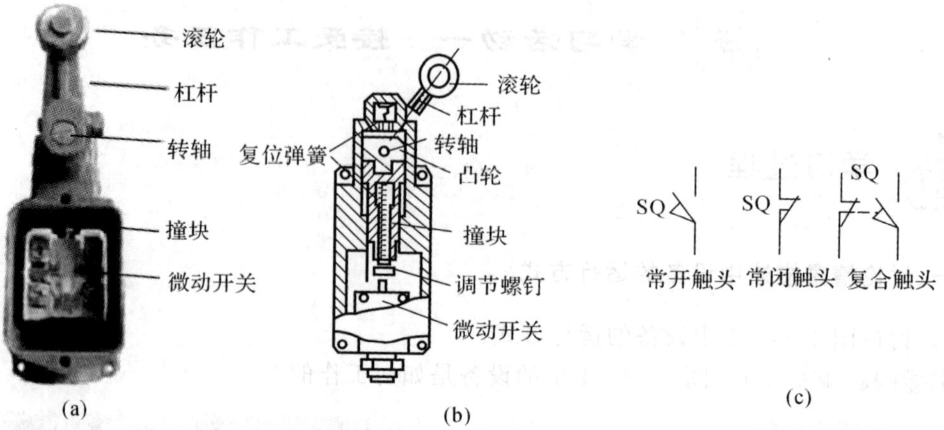

图 4-1-2 JLXK1 型行程开关的结构和原理

(a)结构； (b)原理； (c)符号

以某种行程开关元件为基础，装置不同的操作机构，可得到各种不同形式的行程开关，常见的是按钮式(直动式)和旋转式(滚轮式)。JLXK1 系列行程开关的外形如图 4-1-3 所示，LX19 系列行程开关的外形与 JLXK1 系列的相似。

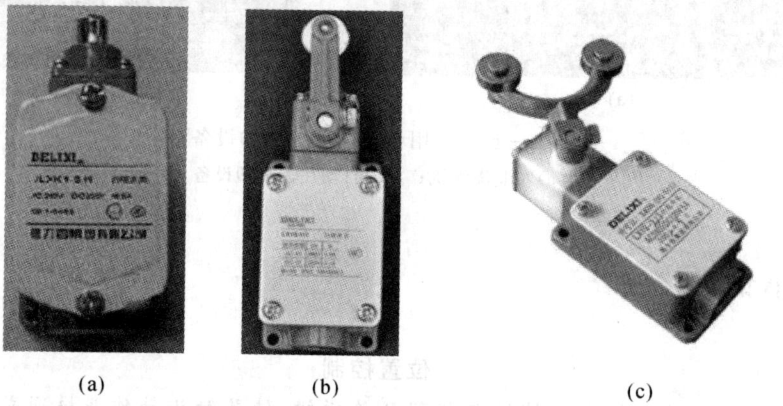

图 4-1-3 JLXK1 系列行程开关

(a)按钮式； (b)单轮旋转式； (c)双轮旋转式

JLXK1 系列行程开关的动作原理如图 4-1-2(b)所示。当运动部件的挡铁碰压行程开关的滚轮时，杠杆连同转轴一起转动，使凸轮推动撞块。当撞块被压到一定位置时，推动微动开关快速动作，使其常闭触头断开，常开触头闭合。

行程开关的触头类型有一常开一常闭、一常开二常闭、二常开一常闭、二常开二常闭等形式。动作方式可分为瞬动式、蠕动式和交叉从动式三种。动作后的复位方式有自动复位和非自动复位两种。

LX19 系列和 JLXK1 系列行程开关的型号及含义如图 4-1-4 所示。

行程开关的主要参数是型式、工作行程、额定电压及触头的电流容量，在产品说明书中都有详细说明。主要根据动作要求、安装位置及触头数量进行选择。LX19 和 JLXK1 系列行程开关的主要技术数据见表 4-1-1。

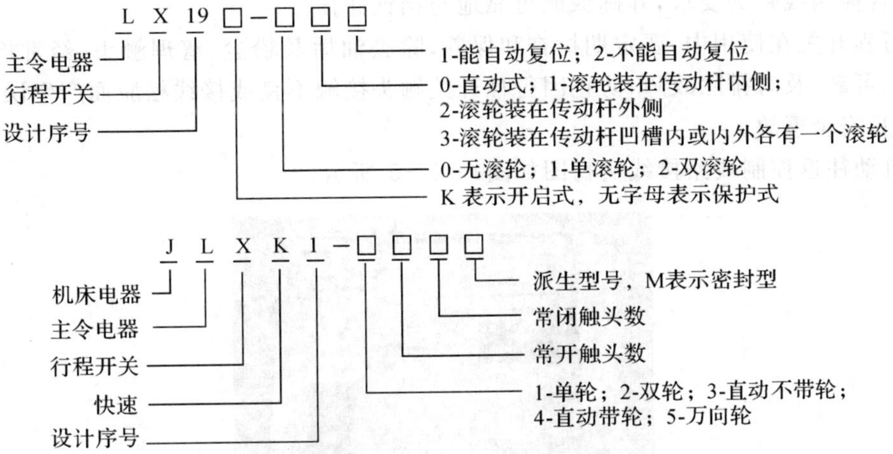

图 4-1-4　行程开关型号及含义

表 4-1-1　LX19 和 JLXK1 系列行程开关的主要技术数据

型　号	额定电压 额定电流	结构特点	触头对数		工作行程	超行程	触头转换时间
			常开	常闭			
LX19	380V 5A	元件	1	1	3mm	1mm	≤0.04s
LX19-111		单轮，滚轮装在传动杆内侧，能自动复位	1	1	约 30°	约 20°	
LX19-121		单轮，滚轮装在传动杆外侧，能自动复位	1	1	约 30°	约 20°	
LX19-131		单轮，滚轮装在传动杆凹槽内，能自动复位	1	1	约 30°	约 20°	
LX19-212		双轮，滚轮装在 U 形传动杆内侧，不能自动复位	1	1	约 30°	约 15°	
LX19-222		双轮，滚轮装在 U 形传动杆外侧，不能自动复位	1	1	约 30°	约 15°	
LX19-232		双轮，滚轮装在 U 形传动杆内外侧各一个，不能自动复位	1	1	约 30°	约 15°	
LX19-001		无滚轮，仅有径向传动杆，能自动复位	1	1	＜4mm	3mm	
JLXK1-111	500V 5A	单轮防护式	1	1	12°～15°	≤30°	
JLXK1-211		双轮防护式	1	1	约 45°	≤45°	
JLXK1-311		直动防护式	1	1	1～3mm	2～4mm	
JLXK1-411		直动滚轮防护式	1	1	1～3mm	2～4mm	

行程开关安装与使用：

(1)行程开关安装时，其位置要准确，安装要牢固；滚轮的方向不能装反，挡铁与其碰撞的位置应符合控制线路的要求，并确保能可靠地与挡铁碰撞。

(2)行程开关在使用中，要定期检查和保养，除去油垢及粉尘，清理触头，经常检查其动作是否灵活、可靠，及时排除故障，防止因行程开关触头接触不良或接线松脱而产生误动作，导致设备和人身安全事故。

(3)自动往返控制线路接线实物图如图4-1-5所示。

图4-1-5　自动往返控制线路实物图

二、布置任务

(1)任务布置见表4-1-2。

表4-1-2　安装工作联系单

流水号：　　　　2011-01-040

类别：水□　电□　暖□　土建□　其他□　　　　　　日期：2012年4月10日

安装地点	校办工厂		
安装项　目	外圆磨床部分控制线路改造		
需求原因	机械加工需要		
申报时间	2012年4月10日	完工时间	2012年4月16日
申报单位	校办工厂	安装单位	电气工程系
验收意见		安装单位电话	89896666
验收人		承办人	
申报人电话	89898888	承办人电话	
校办工厂负责人	黄××	校办工厂负责人电话	89899999

(2)自动往返控制线路原理图如图4-1-6所示。

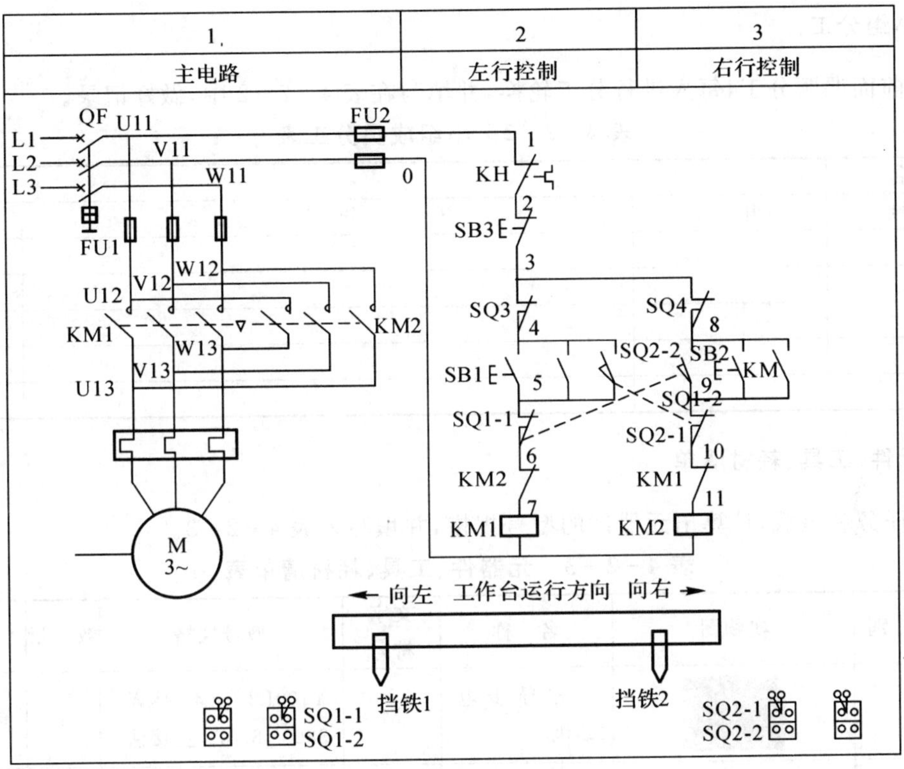

图 4－1－6　自动往返控制原理图

引导问题 4－1－1　图 4－1－6 中控制电路是如何实现自动往返的？

学习活动二　制订工作计划

学习过程

一、实施任务的设想或步骤

根据任务设计是实施步骤，并记录在表 4－2－1 中。

表 4－2－1　任务实施步骤表

序　号	步　骤	备　注
1	实地勘测	
2	劳保、安全措施准备	
3		
4		
5		

二、小组分工

结合前面课题分工，每人进行分工轮换，并填写在表 4-2-2 中，做好记录。

表 4-2-2　小组成员分工表

小组名			
序　号	组　员	分　工	备　注
1			
2			
3			
4			
5			

三、元件、工具、耗材清单

根据任务和负载，计算出元器件的型号规格，并填写入表 4-2-3。

表 4-2-3　元器件、工具、耗材清单表

序　号	类　别	实物图	名　称	文字符号	型号规格	数　量	作　用
1			三相异步电动机	M	Y100L2 - 4　4kW，380V，8.8A，△接法	1	负载
2	元器件			QF		1	接通和分断电路
3			螺旋式熔断器	FU1	配熔体 20A	3	主电路短路保护
4			螺旋式熔断器	FU2		2	
5			接触器	KM		2	
6			热继电器	KH		1	
7			按钮	SB1～SB3		1	
8			行程开关	SQ1～SQ2		2	
9		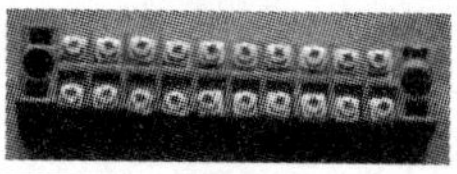	端子板	XT	JX2 - 1515　15A，15节、660V	1	连接

续表

序号	类别	实物图	名称	文字符号	型号规格	数量	作用
10	工具、仪表		尖嘴钳		6in	1	导线整形
11		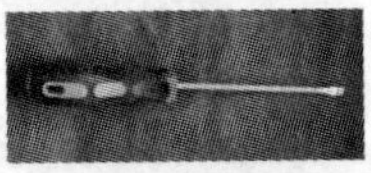	一字螺丝刀（一字起）		5＊200mm	1	起螺钉
13		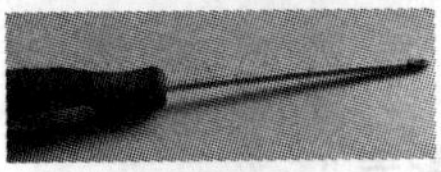	十字螺丝刀（十字起）		5＊200mm	1	起螺钉
14			剥线钳		175mm	1	剥削导线
15			万用表		MF47	1	检测
16			兆欧表		ZC11D－4 500V	1	检测
17	耗材		配电板		600mm ＊ 600mm ＊20mm	1	安装
18			动力电路塑铜线		BV	若干	连接
19			控制电路塑铜线				
20			按钮塑铜软线			若干	
21			接地塑铜软线		BVR1.5mm^2（黄绿双色）	若干	保护
22			木螺钉		ϕ5＊60	若干	固定

四、计划任务完成时间

结合前面课题练习，根据自身能力列出任务完成时间，并记录在表4－2－4中。

表4－2－4　计划任务完成时间表

任务	计划完成时间/min	实际完成时间	备注
施工前准备	20		
元件安装固定	20		
板前配线	120		
线路调试	10		

学习活动三　施工前的准备

学习过程

一、劳保、安全措施准备

按表 4－3－1 准备劳保用品和做好安全措施。

表 4－3－1　劳保、安全措施准备表

序　号	项　目	准备内容	是否具备
1	劳保	安全帽	
		工作服	
		绝缘鞋	
2	安全措施	工作票填写	
		警示牌	
		接地线	

引导问题 4－2－1　如果不采取安全措施可能会有什么后果？

小词典

防触电技术

一、直接接触电击防护

绝缘、屏护、安全距离是防止直接接触电击的技术措施。这些措施看起来十分简单，但对于预防当前大约 50％的触电死亡事故有很大的现实意义。

1. 绝缘

绝缘是用绝缘物把带电体封闭起来。良好的绝缘是保证电气设备和线路正常运行的必要条件，也是防止触及带电体亻的安全保障。电气设备的绝缘应符合其相应的电压等级、环境条件和使用条件。

2. 屏护

屏护是采用遮栏、护罩、护盖、箱闸等将带电体同处界隔绝开来。屏护包括屏蔽和障碍。前者能防止无意识，也能防止有意识触及或过分接近带电体；后者只能防止无意识触及或过分接近带电体，而不能防止有意识移开或越过障碍触及或过分接近带电体。

屏护的安全作用是防止触电、防止短路及短路火灾、防止被机械破坏以及便于安全操作。

屏护装置有永久性屏护装置，如配电装置的遮栏、开关的罩盖等，也有临时性保护装置，如检修工作中使用的临时遮栏等。屏护装置有固定屏护装置，如母线的护网，也有移动屏护装置，如跟随起重机移动的滑触线护栏。

3. 安全距离

安全距离指的是，为了防止人体触及或接接近带电体，防止车辆或其他物体碰撞或接近带电体等造成的危险，在其间所需保持的一定空间距离。

安全间距的大小主要取决于电压的高低，设备运行状况和安装方式。并在安全规程中做出明确规定。有关设备安全方面的有：架空线路的安全距离、电缆线路的安全距离、室内外配线的安全距离、进户装置的安全距离、变配电设备的安全距离、低压用电装置的安全距离。

二、间接接触电击防护

间接接触电击死亡事故中约占1/2，而这种电击在尚未导致死亡的事故中占的比例还要大一些。如保护接地、保护接零、加强绝缘、电气隔离、不导电环境、等电位联结、安全电压和漏电保护都是防止间接接触电击的技术措施。

(1)IT 系统。IT 系统即保护接地系统。所谓接地，就是将设备的某一部位经接地装置与大地紧密联连接起来。接地可分为正常接地和故障接地。正常接地有工作接地和安全接地。如防止触电的保护接地、防雷接地等。故障接地是指带电体与大地之间的意外连接，如对地短路等。

(2)TT 系统。我国绝大部分企业的低压配电网采用星形接法低压中性点直接接地的三线配电网。TT 系统主要用于低压共用用户，即用于未装备配电变压器，从外面引进低压电源的小型用户。

(3)TN 系统。TN 系统即保护接零系统。保护接零和保护接地都是防止间接接触电击的安全措施，做法上又有一些相似之处。但是，保护接零与保护接地在安全原理、应用范围、技术要求等方面有原则性的区别。

重复接地：重复接地指零线上除工作接地以外其他点的再次接地，即重复接地。

工作接地：工作接地指配电网在变压器或发电机近处的接地。工作接地的主要作用是减轻各种过电压的危险。

(4)接地装置：接地装置由接地体(极)和接地线组成。接地体分自然接地体和人工接地体；相应的，接地线也分自然接地线和人工接地线。

三、双重绝缘、安全电压和漏电保护

(1)工作绝缘加保护绝缘叫双重绝缘。前者是带电体与不可触及的导体之间的绝缘，是保证设备正常工作和防止电击的基本绝缘；后者是不可触及的导体与可触及的导体之间的绝缘，是当工作绝缘损坏后用于防止电击的绝缘。加强绝缘是具有与上述双重绝缘相同绝缘水平的单一绝缘。

(2)安全电压。安全电压是在一定条件下、一定时间内不危及生命安全的电压。根据欧姆定律，可以把加在人身上的电压限制在某一范围内，使得在这种电压下，通过人体的电流不超过允许的范围。这一电压就叫安全电压。

安全电压限值和额定值：我国标准规定工频安全电压有效值的限值为50 V。我国标准规定直流安全电压的限值为120 V。

我国规定工频有效值的额定值有42V,36V,24V,12V和6V。

(3)漏电保护。漏电保护装置主要用于防止间接接触电击和直接接触电击。漏电保护装置也用于防止漏电火灾,以及用于监测一相接地故障。

二、工具、元器件、耗材准备

根据元件清单,填写领料单(见表4-3-2),并领出所需器件。

表4-3-2 领 料 单

领料部门＿＿＿＿＿＿ NO:

生产单号: 年 月 日

序 号	品 名	型号规格	单 位	请领数量	实发数量	备 注

制单: 审核: 领料: 发料:

学习活动四 学习任务实施

学习过程

一、工序及工期安排

工序及工期安排见表4-4-1。

表4-4-1 工序及工期安排表

序 号	工序工作内容	完成时间	备 注
1	工序一名称:器件检测		
2	工序二名称:器件安装		
3	工序三名称:板前配线		
4	工序四名称:线路调试		

二、任务实施

1. 实施工序一：器件检测

根据元件清单，选择和检测元器件的好坏，并将元器件检测情况记录在表 4－4－2 中。

表 4－4－2　元器件检测报告表

序　号	元器件名称	检测数据	是否合格
1			
2			
3			
4			
5			
6			
7			
8			
9			

引导问题 4－4－1　检测到接触器线圈通电后，其常开触头没有闭合，如何维修？

2. 实施工序二：器件安装

(1)按图 4－4－1 所示尺寸安装元器件。

(2)元器件安装质量检测报告。元器件安装完毕后，根据安装工艺要求进行安装质量检查，将检查结果记录到表 4－4－3，并对安装质量不合格的进行重新安装。

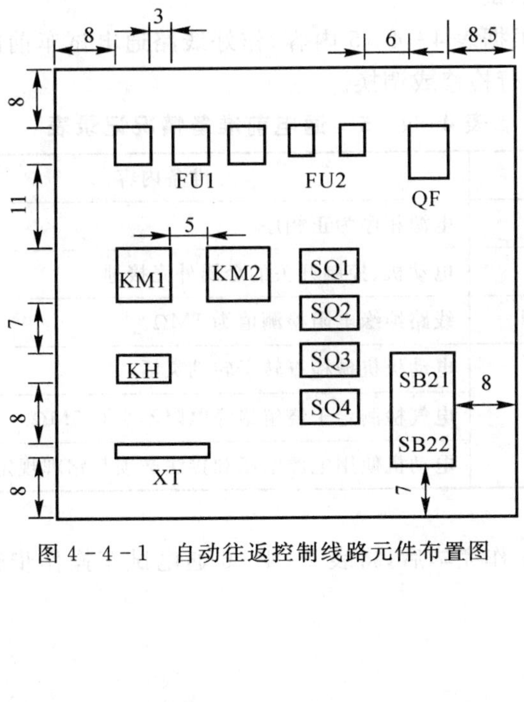

图 4－4－1　自动往返控制线路元件布置图

表 4-4-3　元器件安装质量检测报告表

序　号	元器件名称	安装质量检测	是否合格
1			
2			
3			
4			
5			
6			
7			

3. 实施工序三：板前配线

(1)按图 4-1-6 所示原理图进行板前接线。

(2)自检接线质量。根据表 4-4-4 接线质量自检表内容进行自检，并将结果填入表内。

表 4-4-4　接线质量自检表

序　号	检查项　目	检查内容	检查结果
1	布线工艺	接点是否有松动、漏铜过长、反圈现象	
		走线工艺是否符合要求，有无交叉现象	
		是否有损伤导线绝缘或线芯现象	
2	接线正确性	是否照接线图接线	

4. 实施工序四：线路调试

(1)通电前的准备。根据表 4-4-5 内容，作好线路通电试车前的准备工作，并将结果填入表中，对于不合格的，进行检修或调换。

表 4-4-5　通电前准备情况记录表

序　号	准备项　目	准备内容	是否合格
1	接线正确性	电源相序为正相序	
2	接地线连接	电动机、控制开关的金属外壳接地	
3	绝缘电阻检测	线路绝缘电阻检测值为 1MΩ	
4	电动机检测	电动机机械检查转子转动灵活	
		电气检测定子绕组绝缘电阻不小 0.5MΩ	
		电动机使用电源电压和接法必须与铭牌规定一致	

(2)通电试车。准备工作完毕后，将表 4-4-6 通电试车操作步骤填写完整，并按所写步骤操作。

表 4-4-6　通电试车操作步骤表

序　号	应操作步骤	已操作
1	连接电源线(L1,L2,L3)	
2	合上电源断路器(QF)	
3		
4		
5		
6		
7		
8		
9		
10		
11		

(3)按 6S 管理要求清理现场。通电试车完毕,对工作现场按 6S 管理要求进行清理,工具、器件归位,资料归档。

三、任务完成评价

以个人为单位,展示个人安装成果。根据表 4-4-7 评分标准进行评分。

表 4-4-7　评分表

评价内容		分　值	评分		
			自我评　价	小组评价	教师评价
器件选测	器件型号规格选择正确	10			
	器件好坏检测正确				
器件安装	安装方法、步骤正确,符合工艺要求	10			
	元器件安装牢固、合理、整齐				
板前布线	按电路图正确接线	40			
	布线方法、步骤正确,符合工艺要求				
	布线横平竖直,整洁有序,接线紧固美观				
	电源和电动机按钮正确接到端子排上,并准确注明引出端子号				
	接点牢固、接头漏铜长度适中,无反圈、压绝缘层、标记号不清楚、遗漏或误标等问题				
	施工中导线绝缘层或线芯无损伤				

续 表

评价内容		分　值	评　分		
			自我评价	小组评价	教师评价
线路调试	主回路调试	30			
	控制回路调试				
	设备正常运转无故障或出现故障正确排除				
安全文明生产	遵守安全文明生产规程	10			
	施工完成后认真清理现场				
施工额定用时 210 min　实际用时________　超时扣分：					
合计					
实施综合评价等级 （D＜60 分　60＜C＜80　80＜B＜90　90＜A）					

学习活动五　考评与总结

学习过程

以小组形式，完成对学习过程的综合评价，对学习过程和实训成果进行汇报总结。

一、任务考核与评价

1. 技能考核

参阅 4－5－1 进行技能考核。

表 4－5－1　技能考核与评价标准

评分内容	配　分	评价标准	扣分情况	得　分
运行成功率	40 分	接线正确，通电后电动机运转成功	1. 电动机不能正常转动或不能停止，扣 10 分 2. 电动机不能实现正转，扣 5 分 3. 电动机不能实现互锁，扣 5 分 4. 短路，扣 20 分	
挂件	20 分	安装元器件，符合工艺要求	1. 选择元器件及检查 5 分 2. 元器件安装美观度 5 分 3. 元器件安装可靠性 5 分 4. 元器件安装合理性 5 分	

续 表

评分内容	配　分	评价标准	扣分情况	得　分
布线	20 分	布线整齐、美观，导线用量合理，符合工艺要求	1. 选线准确 2 分； 2. 布线交叉情况 3 分； 3. 接触良好 3 分； 4. 总体美观，用线量合理 10 分	
安全试车	10 分	操作安全规范，对存在的故障能独立自行排除	1. 存在故障找不出原因或不能排除的根据故障情况适当扣分。 2. 没有遵守安全操作规范通电试车的扣 10 分	
工时	10 分	按规定工时	每超过 15 min 扣 2 分	
考核项　目	自动往返控制线路			
小组分工	（分工时小组成员应轮换工序）			
考核			合计总分	
综合评价等级				
（D＜60 分　60＜C＜80　80＜B＜90　90＜A）				

2. 综合评价（知识、技能、素养）

根据课题完成过程中，学生的综合表现进行自我、小组、教师评价，并填于表 4－5－2 中。

表 4－5－2　综合评价表

评价项　目	评价内容		评价标准	评价方式		
				自我评　价	小组评价	教师评价
职业素养	过程化考核	安全意识、责任意识	A 作风严谨、自觉遵章守纪、出色完成工作任务； B 能够遵守规章制度、较好完成工作任务； C 遵守规章制度、没完成工作任务或完成工作任务、但忽视规章制度； D 不遵守规章制度、没完成工作任务			
		学习态度、主动性	A 积极参与教学活动，全勤； B 缺勤达本任务总学时的 10%； C 缺勤达本任务总学时的 20%； D 缺勤达本任务总学时的 30%			
		团队合作意识	A 与同学协作融洽、团队合作意识强； B 与同学能沟通、协同工作能力较强； C 与同学能沟通、协同工作能力一般； D 与同学沟通困难、协同工作能力较差			

续 表

<table>
<tr><th rowspan="2">评价项目</th><th rowspan="2" colspan="2">评价内容</th><th rowspan="2">评价标准</th><th colspan="3">评价方式</th></tr>
<tr><th>自我评价</th><th>小组评价</th><th>教师评价</th></tr>
<tr><td rowspan="5">职业技能</td><td rowspan="4">过程化考核</td><td>工序一评价</td><td>A不仅自己熟练掌握技能要求，还能辅导他人；
B已熟练掌握技能要领，并完全达到要求；
C初步掌握技能要领，能独立操作但不熟练；
D正在学习技能与要求，但不能独立操作</td><td></td><td></td><td></td></tr>
<tr><td>工序二评价</td><td>A不仅自己熟练掌握技能要求，还能辅导他人；
B已熟练掌握技能要领，并完全达到要求；
C初步掌握技能要领，能独立操作但不熟练；
D正在学习技能与要求，但不能独立操作</td><td></td><td></td><td></td></tr>
<tr><td>工序三评价</td><td>A不仅自己熟练掌握技能要求，还能辅导他人；
B已熟练掌握技能要领，并完全达到要求；
C初步掌握技能要领，能独立操作但不熟练；
D正在学习技能与要求，但不能独立操作</td><td></td><td></td><td></td></tr>
<tr><td>工序四评价</td><td>A不仅自己熟练掌握技能要求，还能辅导他人；
B已熟练掌握技能要领，并完全达到要求；
C初步掌握技能要领，能独立操作但不熟练；
D正在学习技能与要求，但不能独立操作</td><td></td><td></td><td></td></tr>
<tr><td>终结考核</td><td>知识与技能</td><td>A评价成绩为90～100分；
B评价成绩为75～89分；
C评价成绩为60～75分；
D评价成绩为0～60分</td><td></td><td></td><td></td></tr>
<tr><td colspan="3">学生签名</td><td></td><td colspan="2">综合评价等级</td><td></td></tr>
<tr><td colspan="3">综合评价建议</td><td colspan="4"></td></tr>
<tr><td colspan="3">指导教师</td><td></td><td colspan="2">日期</td><td></td></tr>
</table>

二、工作总结

1. 学生总结

以小组为单位，选择演示文稿、展板、海报、录像等形式中的一种或几种，向全班展示、汇报学习成果，并将交流记录于表4-5-3中。

表 1-5-3　经验交流记录表

业务实施过程		持续改进、行动计划		学习与工作宝贵经验
提出人	过程记录	提出人	改进记录	经验记录

2. 教师点评与总结

本课题主要是同班学生照原理图按线的能力，加强学生的职业素养培养。

任务五　三相笼型异步电动机顺序控制线路安装与运行

学习目标

知识目标	·熟悉三相笼型异步电动机主回路实现顺序控制的原理 ·掌握两台电动机顺序启动、同时停止的工作原理 ·掌握两台电动机顺序启动,逆序停止控制的工作原理 ·设计两台电动机顺序启动、顺序停止控制线路
技能目标	·能根据工艺要求正确照电气原理图安装、调试三相笼型异步电动机不同要求顺序控制线路并通电调试 ·能设计两台电动机顺序启动、顺序停止控制线路
素养目标	·培养团队协作、做事规范构建企业思维,沟通能力,审美观表现能力,环保节约意识养成

情景描述

以水泥厂、煤矿、采石场等场地所用材料输送设备的控制要求情境为描述。

实施流程

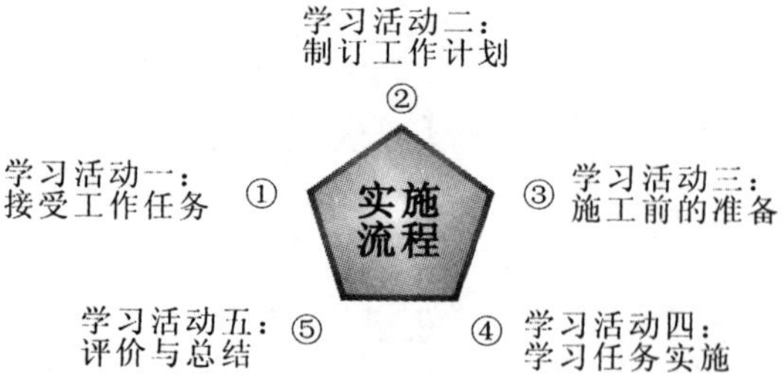

学习行动一　接受工作任务

学习过程

一、讨论情景描述中电动机的控制电路

矿场皮带输送机如图 5－1－1 所示。

引导问题 5－1－1　图 5－1－1 中设备运行需多台电动机完成，对电动机运行有何要求？

图 5－1－1　矿场皮带输送机实物图

小词典

顺序控制线路

要求几台电动机的启动或停止必须按一定的先后顺序来完成的控制方式，叫做电动机的顺序控制。

1. 主电路实现顺序控制

图 5－1－2 所示为主电路实现电动机顺序控制的电路图。线路的特点是电动机 M2 的主电路在 KM(或 KM1)主触头的下面。

在图 5－1－2(a)所示的控制线路中，电动机 M2 通过接插器 X 接在接触器 KM 主触头的下面，因此，只有当 KM 主触头闭合，电动机 M1 启动运转后，电动机 M2 才可能接通电源运转。M7120 型平面磨床的砂轮电动机和冷却泵电动机就采用了这种顺序控制线路。

在图 5－1－2(b)所示控制线路中，电动机 M1 和 M2 分别通过接触器 KM1 和 KM2 来控制，接触器 KM2 的主触头接在接触器 KM1 主触头的下面，这样就保证了当 KM1 主触头闭合，电动机 M1 启动运转后，电动机 M2 才可能接通电源运转。

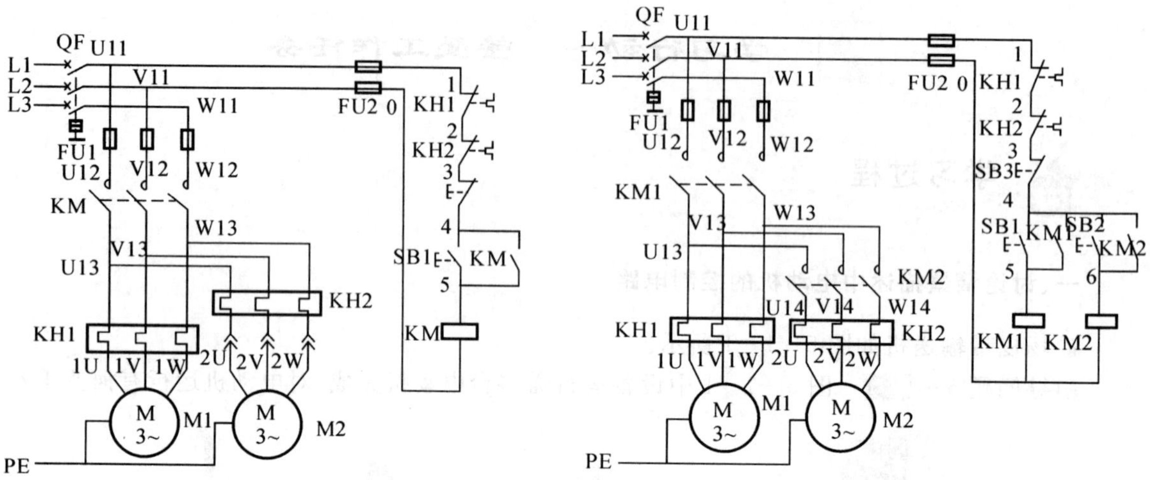

(a)　　　　(b)

图 5-1-2　主电路实现顺序控制的电路图

2. 控制电路实现顺序控制

几种在控制电路实现电动机顺序控制的电路图如图 5-1-3 所示。图 5-1-3(a)所示控制线路的特点是:电动机 M2 的控制电路先与接触器 KM1 的线圈并接后再与 KM1 的自锁触头串接,这样就保证了 M1 启动后,M2 才能启动的顺序控制要求线路的工作原理与图 5-1-2(b)所示线路的工作原理相同。

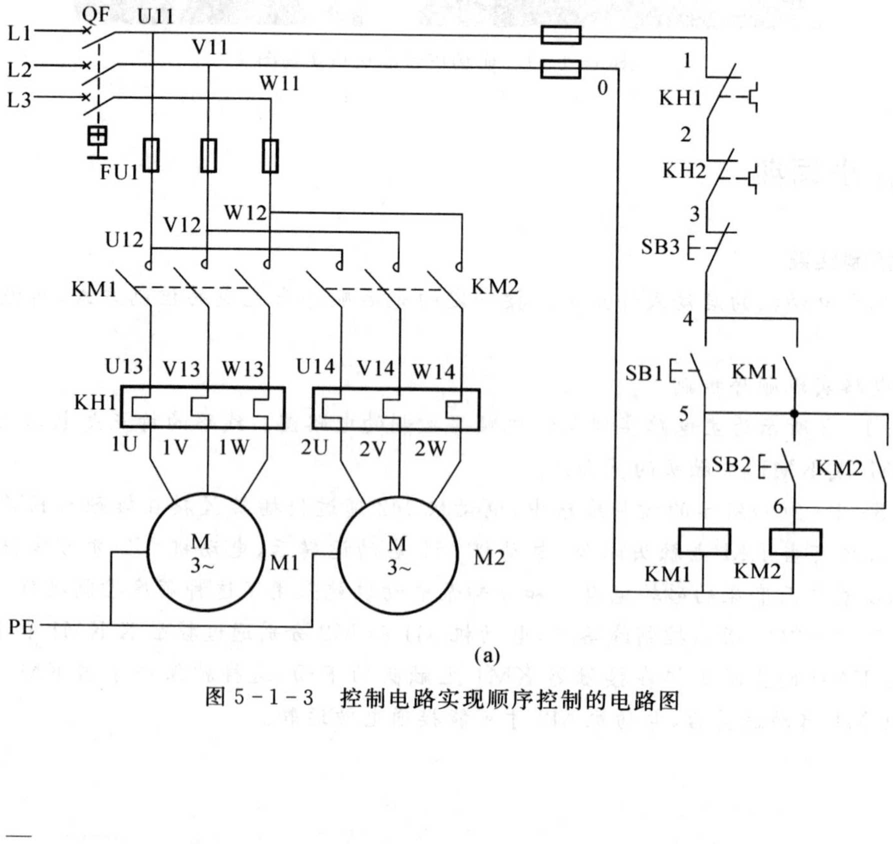

(a)

图 5-1-3　控制电路实现顺序控制的电路图

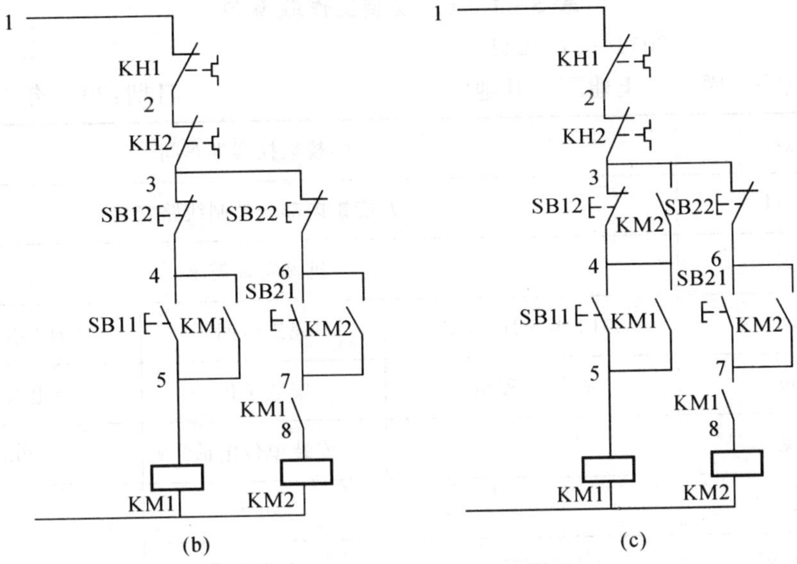

续图 5－1－3　控制电路实现顺序控制的电路图

如图 5－1－3(b)所示控制线路的特点是：在电动机 M2 的控制电路中，串接了接触器 KM1 的辅助常开触头。显然，只要 M1 不启动，即使按下 SB21，由于 KM1 的辅助常开触头未闭合，KM2 线圈也不能得电，从而保证了 M1 启动后，M2 才能启动的控制要求。线路中停止按钮 SB12 控制两台电动机同时停止，SB22 控制 M2 的单独停止。

图 5－1－3(c)所示控制线路是在图 5－1－3(b)所示线路中的 SB12 的两端并接了接触器 KM2 的辅助常开触头，从而实现了 M1 启动后 M2 才能启动、M2 停止后 M1 才能停止的控制要求，即 M1，M2 是顺序启动，逆序停止。

(2)两台电动机顺序控制接线实物图如图 5－1－4 所示。

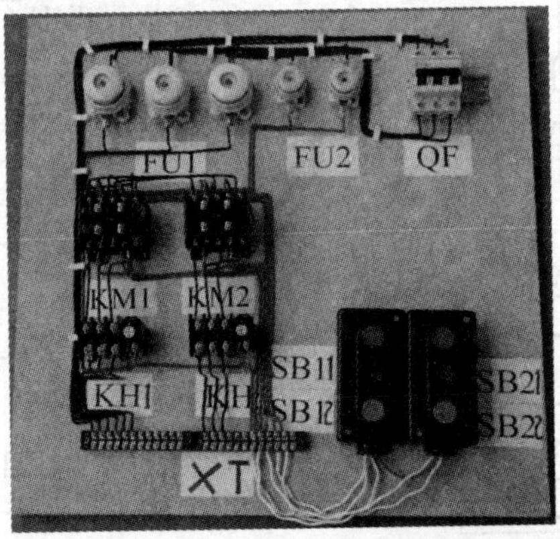

图 5－1－4　两台电动机顺序启动逆序停止接线实物图

二、布置任务

任务布置见表 5－1－1。

表 5-1-1　安装工作联系单

流水号：　　2011-01-041

类别：水□　电□　暖□　土建□　其他□　　　日期：2012 年 5 月 08 日

安装地点	学校数控实训车间		
安装项　目	万能铣床部分控制线路安装		
需求原因	机械实训需求		
申报时间	2012 年 5 月 08 日	完工时间	2012 年 5 月 15 日
申报单位	机械工程系	安装单位	电气工程系
验收意见		安装单位电话	89896666
验收人		承办人	
申报人电话	89895555	承办人电话	
系负责人	崔××	系负责人电话	89894444

三、两台电动机顺序启动、逆序停止控制线路

两台电动机的控制线为如图 5-1-5 所示。

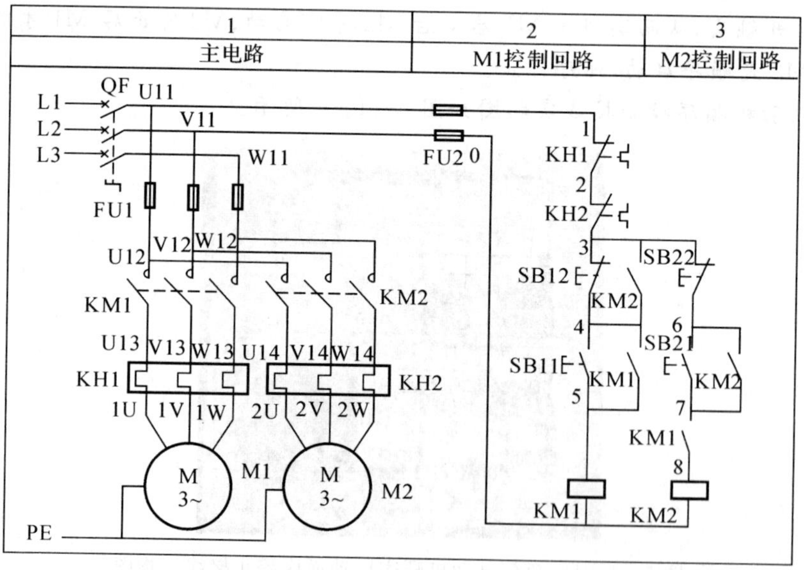

图 5-1-5　两台电动机顺序启动、逆序停止控制原理图

引导问题 5-1-2　图 5-1-5 控制线路中逆序停止是如何实现的？

小词典

两台电动机顺序启动、逆序停止控制线路工作原理

图 5－1－5 两台电动机顺序启动、逆序停止控制线路工作原理：

1. 启动控制

合上电源开关 QF 后，

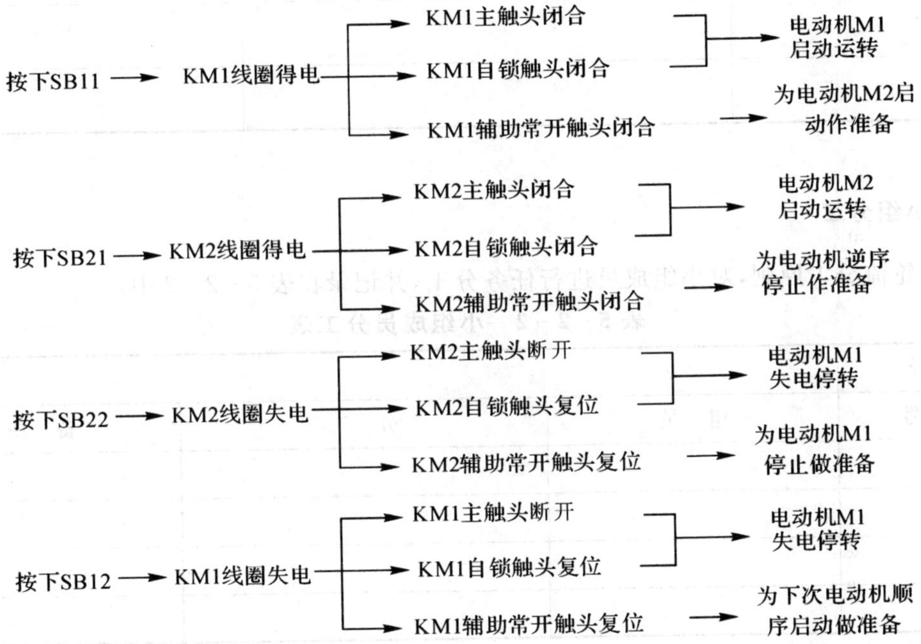

在该图控制线路中能实现顺序启动、逆序停止的关键在于接触器 KM1、KM2 的辅助常开触头，KM1 的辅助常开触头串接在电动机 M2 控制回路中，因此，M2 要启动得先是 M1 启动后才能启动，这样就实现了顺序启动的目的；而 KM2 辅助常开触头并接在电动机 M1 停止按钮 SB12 两端，使得电动机 M1 要停止时，必先是 KM2 先失电，触头复位，才能停止，这样就实现了逆序停止的控制要求。

学习活动二　制订工作计划

学习过程

一、实施任务的设想或步骤

小组讨论任务实施步骤，并填入表 5－2－1。

表 5-2-1　任务实施步骤表

序　号	步　骤	备　注
1	实地勘测	
2	劳保、安全措施准备	
3		
4		
5		

二、小组分工

按照轮流分工原则，对小组成员进行任务分工，并记录在表 5-2-2 中。

表 5-2-2　小组成员分工表

小组名			
序　号	组　员	分　工	备　注
1			
2			
3			
4			

三、元器件、工具、耗材清单

根据任务，元器件、工具、耗材清单，见表 5-2-3。

表 5-2-3　元器件、工具、耗材清单表

序　号	类　别	实物图	名　称	文字符号	型号规格	数　量	作　用
1	负载		三相异步电动机	M1	Y112M-4 4 kW，380V，8.8A，△接法	1	负载 1
2			三相异步电动机	M2	Y90S-2 1.5 kW，380V，8.8A，Y 接法	1	负载 2

续表

序　号	类　别	实物图	名　称	文字符号	型号规格	数　量	作　用
3	元器件		组合开关	QS	HZ10－25/3 三极 25A	1	接通和分断电路
4			螺旋式熔断器	FU1	RL1 － 60/25 500V，60A，配熔体 25A	3	主电路短路保护
5			螺旋式熔断器	FU2	RL1－15/2 500V，15A，配熔体 2A	2	控制回路短路保护
6			接触器	KM1	CJ10－20 20A，线圈电压 380V	1	控制负载 1 电源接通和断开
7			接触器	KM2	CJ10－10 10A，线圈电压 380V	1	控制负载 2 电源接通和断开
8			热继电器	KH1	JR16－20/3 三极，20A，整定电流 8.8A	1	负载 1 的过载保护
9			热继电器	KH2	JR16－20/3 三极，20A，整定电流 3.4A	1	负载 2 的过载保护
10			按钮	SB11 ～ SB12	LA10－2H 保护式，按钮数 2	1	控制负载 1 的启动、停止
11			按钮	SB21 ～ SB22	LA10－2H 保护式、按钮数 2	1	控制负载 2 的启动、停止
12			端子板	XT	JX2 － 101510A，15 节，660V	1	连接

续表

序号	类别	实物图	名称	文字符号	型号规格	数量	作用
13	工具、仪表		尖嘴钳		6in	1	导线整形
14		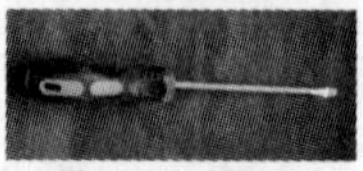	一字螺丝刀（一字起）		5 * 200mm	1	起螺钉
15		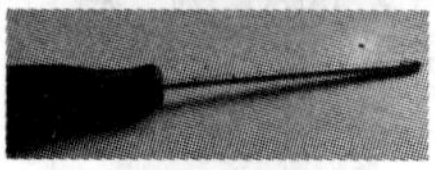	十字螺丝刀（十字起）		5 * 200mm	1	起螺钉
16			剥线钳		175mm	1	剥削导线
17			万用表		MF47	1	检测
			兆欧表		ZC11D－4 500V	1	检测
18	耗材		配电板		600mm * 600mm * 20mm	1	安装
19			动力电路塑铜线		BV1.5mm^2（黑色）	若干	连接
20			控制电路塑铜线		BV1.0mm^2（红色）	若干	连接
21			按钮塑铜线		BVR0.75mm^2	若干	连接
22			接地塑铜线		BVR1.5mm^2（黄绿双色）	若干	保护
23			木螺钉		ϕ5 * 60	若干	固定

四、计划任务完成时间

计划任务完成时间见表 5－2－4。

表 5－2－4　计划任务完成时间表

任务	计划完成时间/min	实际完成时间	备注
施工前准备	20		
元件安装固定	20		
板前配线	90		
线路调试	30		

学习活动三　施工前的准备

学习过程

一、劳保、安全措施准备

按表 5－3－1 准备劳保用品和做好安全措施。

表 5－3－1　劳保、安全措施准备表

序　号	项　目	准备内容	是否具备
1	劳保	安全帽	
		工作服	
		绝缘鞋	
2	安全措施	工作票填写	
		警示牌	
		接地线	

二、工具、元器件、耗材准备

根据元件清单，填写领料单(见表 5－3－2)，并领出所需器件。

表 5－3－2　领　料　单

领料部门________　　　　　　　　　　　　　　　　No：

生产单号：　　　　　　　　　　　　　　　　　　　年　　月　　日

序　号	品　名	型号规格	单　位	请领数量	实发数量	备　注

制单：　　　　　审核：　　　　　领料：　　　　　发料：

学习活动四　学习任务实施

学习过程

一、工序及工期安排

工序及工期安排表见表 5－4－1。

表 5－4－1　工序及工期安排表

序　号	工序工作内容	完成时间	备　注
1	工序一名称：器件检测		
2	工序二名称：器件安装		
3	工序三名称：板前配线		
4	工序四名称：线路调试		

二、任务实施

1. 实施工序一：器件检测

根据元件清单，选择和检测元器件的好坏，并将元器件检测情况记录在表 5－4－2 中。

表 5－4－2　元器件检测报告表

序　号	元器件名称	检测数据	是否合格
1			
2			
3			
4			
5			
6			
7			
8			
9			

2. 实施工序二：器件安装

(1)按安装工艺要求，照图 5－4－1 所示尺寸安装元器件。

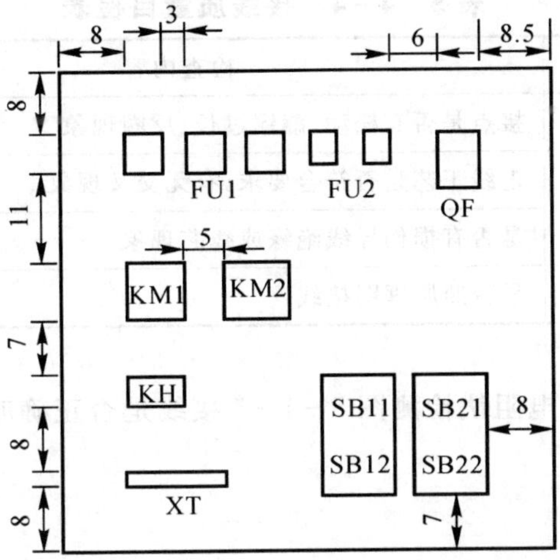

图 5-4-1　两台电动机顺序启动、逆序停止控制线路元件布置图

(2)元器件安装质量检测报告。安装完毕后,进行安装质量检测并填写元器件安装质量检查表,见表 5-4-3。

表 5-4-3　元器件安装质量检测报告表

序　号	元器件名称	安装质量检测	是否合格
1			
2			
3			
4			
5			
6			
7			

3. 实施工序三:板前配线

(1)按布线工艺要求,照图 5-1-5 所示原理图进行板前接线

提示

接线注意事项

图 5-1-5 的原理图中的接触器 KM1,KM2 辅助常开触头都用了两对,其作用和接点均不相同,在接线时应特别注意区分。

(2)自检接线质量。接线完毕后,按表 5-4-4 内容对接线质量进行自检,并填写接线质量自检表。

表 5-4-4　接线质量自检表

序　号	检查项　目	检查内容	检查结果
1	布线工艺	接点是否有松动、漏铜过长、反圈现象	
		走线工艺是否符合要求，有无交叉现象	
		是否有损伤导线绝缘或线芯现象	
2	接线正确性	是否照原理图接线	

引导问题 5-4-1　用电阻法检测图 5-1-5 接线是否正确时与前面所学线路检测有何不同？

小贴士

图 5-1-5 原理图用电阻法检测接线正确性的方法

将 MF47 型万用表转换开关选在 R×100 档或 R×1K 档，并机械调零；将两支表笔分别接在接点 0 和 1 上。

1. 检测电动机 M1 的控制回路

(1)按下电动机 M1 的启动按钮 SB11，万用表指针应偏转指在线圈电阻值位置；同时按下电动机 M1 的停止按钮 SB12，万用表指针返回到“∞”处。

(2)短接接触器 KM1 自锁触头，万用表指针应偏转指在线圈电阻值位置；同时按下电动机 M1 的停止按钮 SB12，万用表指针返回到“∞”处。

(3)当短接接触器 KM2 与 SB12 并接的辅助常开触头时，上两步的停止按钮 SB12 操作应失效，万用表指针仍指在线圈电阻值位置。

2. 检测电动机 M2 的控制回路

检测前先将接触器 KM1 串接在电动机 M2 控制回路的辅助常开触头短接。

(1)按下电动机 M2 的启动按钮 SB21，万用表指针应偏转指在线圈电阻值位置；同时按下电动机 M2 的停止按钮 SB22，万用表指针返回到“∞”处。

(2)短接接触器 KM2 自锁触头，万用表指针应偏转指在线圈电阻值位置；同时按下电动机 M2 的停止按钮 SB22，万用表指针返回到“∞”处。

4. 实施工序四：线路调试

(1)通电前的准备。按表 5-4-5 进行通电试车前的准备，并将准备情况填写在记录表中。

表 5-4-5　通电前准备情况记录表

序　号	准备项　目	准备内容	是否合格
1	接线正确性	电源相序为正相序	
2	接地线连接	电动机、控制开关的金属外壳接地	
3	绝缘电阻检测	线路绝缘电阻检测值为 1MΩ	

续表

序　号	准备项　目	准备内容	是否合格
4	电动机检测	电动机机械检查转子转动灵活	
		电气检测定子绕组绝缘电阻不小0.5MΩ	
		电动机使用电源电压和接法必须与铭牌规定一致	

(2)通电试车。按表5-4-6所列步骤进行通电试车。

表5-4-6　通电试车操作步骤表

序　号	应操作步骤	已操作
1	连接电源线(L1,L2,L3)	
2	合上电源断路器(QF)	
3	合上控制线路断路器(QF)	
4	按下电动机M1的启动按钮SB11,接触器KM1动作,电动机M1运行	
5	观察电动机M1的运行情况	
6	再按下电动机M2的启动按钮SB21,接触器KM2动作,电动机M2后运行	
7	观察电动机M2的运行情况	
8	试按下电动机M1的停止按钮SB12观察电动机M1能否停止	
9	按下电动机M2的停止按钮SB22,接触器KM2复位,电动机M2先失电停转	
10	再按下电动机M1的停止按钮SB12,接触器KM1复位,电动机M1后失电停转	
11	断开控制线路断路器(QF)	
12	断开电源断路器(QF)	
13	再断开电源线(L1,L2,L3)	

(3)按6S管理要求清理现场。通电试车完毕,对工作现场按6S管理要求进行清理,工具、器件归位,资料归档。

(4)照图5-1-3用两种方式设计3台电动机顺序启动、逆序停止控制线路。

三、任务完成评价

以个人为单位,展示个人安装成果。根据表5-4-7评分标准进行评分。

表5-4-7　评分表

评价内容		分　值	评　分		
			自我评　价	小组评价	教师评价
器件选测	器件型号规格选择正确	10			
	器件好坏检测正确				

续表

<table>
<tr><th colspan="2" rowspan="2">评价内容</th><th rowspan="2">分值</th><th colspan="3">评分</th></tr>
<tr><th>自我评价</th><th>小组评价</th><th>教师评价</th></tr>
<tr><td rowspan="2">器件安装</td><td>安装方法、步骤正确，符合工艺要求</td><td rowspan="2">10</td><td rowspan="2"></td><td rowspan="2"></td><td rowspan="2"></td></tr>
<tr><td>元器件安装牢固、合理、整齐</td></tr>
<tr><td rowspan="6">板前布线</td><td>按电路图正确接线</td><td rowspan="6">40</td><td rowspan="6"></td><td rowspan="6"></td><td rowspan="6"></td></tr>
<tr><td>布线方法、步骤正确，符合工艺要求</td></tr>
<tr><td>布线横平竖直，整洁有序，接线紧固美观</td></tr>
<tr><td>电源和电动机按钮正确接到端子排上，并准确注明引出端子号</td></tr>
<tr><td>接点牢固、接头漏铜长度适中，无反圈、压绝缘层、标记号不清楚、遗漏或误标等问题</td></tr>
<tr><td>施工中导线绝缘层或线芯无损伤</td></tr>
<tr><td rowspan="3">线路调试</td><td>主回路调试</td><td rowspan="3">30</td><td rowspan="3"></td><td rowspan="3"></td><td rowspan="3"></td></tr>
<tr><td>控制回路调试</td></tr>
<tr><td>设备正常运转无故障或出现故障正确排除</td></tr>
<tr><td rowspan="2">安全文明生产</td><td>遵守安全文明生产规程</td><td rowspan="2">10</td><td rowspan="2"></td><td rowspan="2"></td><td rowspan="2"></td></tr>
<tr><td>施工完成后认真清理现场</td></tr>
<tr><td colspan="2">施工额定用时 180 min　实际用时______　超时扣分：</td><td colspan="4"></td></tr>
<tr><td colspan="2">合计</td><td colspan="4"></td></tr>
<tr><td colspan="2">实施综合评价等级
(D<60 分　60<C<80　80<B<90　90<A)</td><td colspan="4"></td></tr>
</table>

学习活动五　评价与总结

学习过程

以小组形式，完成对学习过程的综合评价，对学习过程和实训成果进行汇报总结。

一、任务考核与评价

1. 技能考核

技能考核与评价标准见表 5－5－1。

表 5-5-1　技能考核与评价标准

评分内容	配　分	评价标准	扣分情况	得　分
运行成功率	40 分	接线正确，通电后电动机运转成功	1. 电动机不能正常转动或不能停止，扣 10 分 2. 电动机不能实现正转，扣 5 分 3. 电动机不能实现互锁，扣 5 分 4. 短路，扣 20 分	
挂件	20 分	安装元器件，符合工艺要求	1. 选择元器件及检查 5 分 2. 元器件安装美观度 5 分 3. 元器件安装可靠性 5 分 4. 元器件安装合理性 5 分	
布线	20 分	布线整齐、美观，导线用量合理，符合工艺要求	1. 选线准确 2 分； 2. 布线交叉情况 3 分； 3. 接触良好 3 分； 4. 总体美观，用线量合理 10 分	
安全试车	10 分	操作安全规范，对存在的故障能独立自行排除	1. 存在故障找不出原因或不能排除的根据故障情况适当扣分。 2. 没有遵守安全操作规范通电试车的扣 10 分	
工时	10 分	按规定工时	每超过 15min 扣 2 分	
考核项　目	两台电动机的顺序启动、逆序停止控制线路			
小组分工	（分工时小组成员应轮换工序）			
考核			合计总分	
综合评价等级				
（D<60 分　60<C<80　80<B<90　90<A）				

2. 综合评价（知识、技能、素养）

根据课题完成过程中，学生的综合表现进行自我、小组、教师评价，并填于表 1-5-2 中。

表 1-5-2　综合评价表

评价项　目	评价内容		评价标准	评价方式		
				自我评价	小组评价	教师评价
职业素养	过程化考核	安全意识、责任意识	A 作风严谨、自觉遵章守纪、出色完成工作任务； B 能够遵守规章制度、较好完成工作任务； C 遵守规章制度、没完成工作任务或完成工作任务、但忽视规章制度； D 不遵守规章制度、没完成工作任务			

续表

评价项目	评价内容		评价标准	评价方式		
				自我评价	小组评价	教师评价
职业素养	过程化考核	学习态度、主动性	A 积极参与教学活动，全勤； B 缺勤达本任务总学时的 10%； C 缺勤达本任务总学时的 20%； D 缺勤达本任务总学时的 30%			
		团队合作意识	A 与同学协作融洽、团队合作意识强； B 与同学能沟通、协同工作能力较强； C 与同学能沟通、协同工作能力一般； D 与同学沟通困难、协同工作能力较差			
		工序一评价	A 不仅自己熟练掌握技能要求，还能辅导他人； B 已熟练掌握技能要领，并完全达到要求； C 初步掌握技能要领，能独立操作但不熟练； D 正在学习技能与要求，但不能独立操作			
职业技能		工序二评价	A 不仅自己熟练掌握技能要求，还能辅导他人； B 已熟练掌握技能要领，并完全达到要求； C 初步掌握技能要领，能独立操作但不熟练； D 正在学习技能与要求，但不能独立操作			
		工序三评价	A 不仅自己熟练掌握技能要求，还能辅导他人； B 已熟练掌握技能要领，并完全达到要求； C 初步掌握技能要领，能独立操作但不熟练； D 正在学习技能与要求，但不能独立操作			
		工序四评价	A 不仅自己熟练掌握技能要求，还能辅导他人； B 已熟练掌握技能要领，并完全达到要求； C 初步掌握技能要领，能独立操作但不熟练； D 正在学习技能与要求，但不能独立操作			
	终结考核	知识与技能	A 评价成绩为 90～100 分； B 评价成绩为 75～89 分； C 评价成绩为 60～75 分； D 评价成绩为 0～60 分			
学生签名				综合评价等级		
综合评价建议						
指导教师				日期		

二、工作总结

1. 学习总结

以小组为单位，选择演示文稿、展板、海报、录像等形式中的一种或几种，向全班展示、汇报学习成果，并将交流记于表5-5-3中。

表5-5-3　经验交流记录表

业务实施过程		持续改进、行动计划		学习与工作宝贵经验
提出人	过程记录	提出人	改进记录	经验记录

2. 教师点评与总结

本课题主要拓展电动机控制方法的变化，培养学生的识图能力。

任务六　三相笼型异步电动机降压启动控制线路安装与调试

学习目标

知识目标	·了解采用减压启动的原因及目的； ·熟悉采用减压启动的规定和经验公式 ·熟悉时间继电器的功能、基本结构、工作原理、型号含义 ·熟记其图形符号和文字符号
技能目标	·熟悉不同控制方式的 Y－Δ 降压启动控制线路的工作原理 ·熟悉结合故障现象根据时间继电器控制 Y－Δ 降压启动控制线路原理分析故障范围
技能目标	·能熟悉定子绕组串接电阻降压启动、自耦变压器降压启动、延边三角形降压启动控制线路的工作原理 ·能正确识别、选择、安装、使用时间继电器 ·能根据工艺要求正确照电气原理图安装、调试时间继电器控制 Y－Δ 降压启动控制线路 ·能正确使用万用表采用电阻法和电压法按正确步骤根据故障范围查找故障点并排除故障，再通电试车检验
素养目标	·现场 6S 管理能力，团队协作、规范的操作能力

情景描述

水泥厂、轧钢厂、采石场等场地所用电动机的启动控制线路情境描述。

实施流程

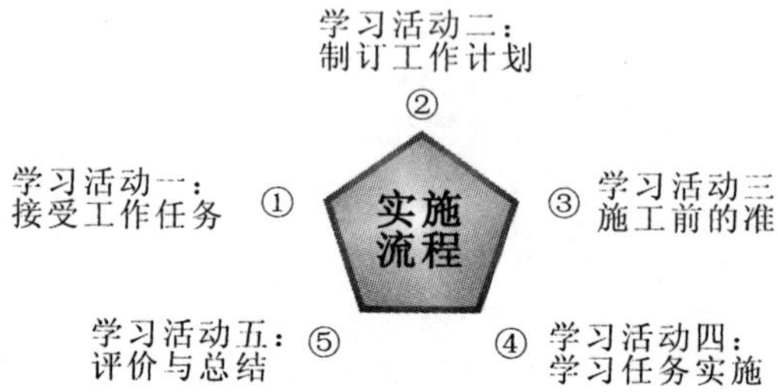

学习活动一　接受工作任务

学习过程

一、讨论情景描述中电动机的控制电路

(1)降压启动控制线路配电柜如图 6-1-1 所示。

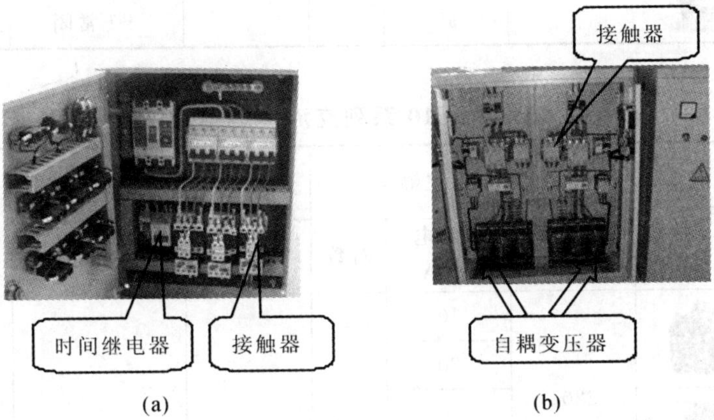

图 6-1-1　降压启动控制配电柜实物图

(a)Y-△降压启动线路；(b)自耦变压器降压启动线路

引导问题 6-1-1　图 6-1-1(a)与图 6-1-1(b)中接触器外形有何不同?

小贴士

常用 CJX2 和 CDC10 系列交流接触器的技术数据分别见表 6-1-1 和 6-1-2(以德力西电气选型为例)。

表 6-1-1　CJX2 系列交流接触器的技术数据

型　号	外形图	触头额定电压/V	主触头		辅助触头		线圈电压/V	可控制三相异步电动机的最大功率/kW
			额定电流/A	对数	额定电流/A	对数		
CJX2-09	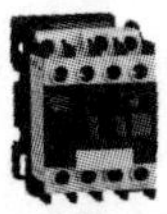		9					2.2
CJX2-12			12					3
CJX2-18		380,660	18	3	5	10:1 常开 +0 常闭 01:0 常开 +1 常闭 11:1 常开 +1 常闭	24 36 110 127 220 380	4
CJX2-25			25					5.5
CJX2-32			32					7.5

续 表

型号	外形图	触头额定电压/V	主触头		辅助触头		线圈电压/V	可控制三相异步电动机的最大功率/kW
			额定电流/A	对数	额定电流/A	对数		
CJX2 - 40		380,660	40	3	5	10:1 常开+0 常闭 01:0 常开+1 常闭 11:1 常开+1 常闭	24 36 110 127 220 380	11
CJX2 - 50			50					15
CJX2 - 65			65					18.5
CJX2 - 80			80					22
CJX2 - 95			95					25

表 6-1-2　CDC10 系列交流接触器的技术数据

型号	外形图	触头额定电压/V	主触头		辅助触头		线圈电压/V	可控制三相异步电动机的最大功率/kW
			额定电流/A	对数	额定电流/A	对数		
CDC10 - 10		220、380、660	10	3	5	2 常开+2 常闭	36，110，127，220，380	4
CDC10 - 20			20					10
CDC10 - 40			40					20
CDC10 - 60			60					30
CDC10 - 100			100					50
CDC10 - 150			150					75

(2)Y-△降压启动控制线路接线实物图如图 6-1-2 所示。

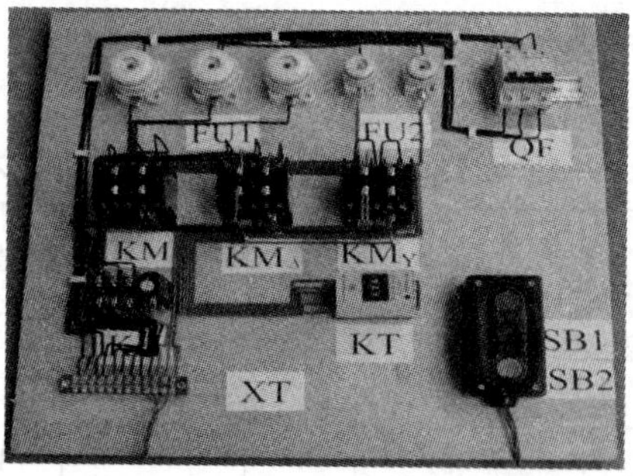

图 6-1-2　Y-△降压启动控制线路接线实物图

二、布置任务

任务布置见表 6-1-3。

表 6-1-3　安装工作联系单

流水号：　　　　　2011-01-042

类别：水□　电□　暖□　土建□　其他□　　　　　日期：2012 年 6 月 10 日

安装地点	校办工厂		
安装项　目	电动机 Y—△降压启动控制线路安装及调试		
需求原因	机械设备加工需求		
申报时间	2012 年 6 月 10 日	完工时间	2012 年 6 月 15 日
申报单位	校办工厂	安装单位	电气工程系
验收意见		安装单位电话	89896666
验收人		承办人	
申报人电话	89898888	承办人电话	
总务处负责人	黄××	总务处负责人电话	89899999

引导问题 6-1-2　前面学习的各种控制线路在启动时，加在电动机定子绕组上的电压是否等于电动机的额定电压？

小贴士

三相笼型异步电动机的启动方式及启动条件

启动时加在电动机定子绕组上的电压为电动机的额定电压，属于全压启动，也叫直接启动。直接启动的优点是所用电气设备少，线路简单，维修量较小。但直接启动时的启动电流较大，一般为额定电流的 4～7 倍。

利用启动设备将电压适当降低后，加到电动机的定子绕组上进行启动，待电动机启动运转后，再使其电压恢复到额定电压正常运转叫降压启动。其目的通过降低电动机定子绕组的电压来减小启动电流。在电源变压器容量不够大，而电动机功率较大的情况下，直接起动将导致电源变压器输出电压下降，不仅会减小电动机本身的启动转距，而且会影响同一供电线路中其他设备的正常工作。因此，较大功率的电动机启动时，需要采用降压启动的方法。

通常规定：电源容量在 180kV·A 以上，电动机功率在 7.5kW 以下的三相异步电动机可采用直接启动。

判断一台电动机能否直接启动，还可以用下面的经验公式：

$$\frac{I_{st}}{I_N} \leqslant \frac{3}{4} + \frac{S}{4P}$$

式中，I_{st} 为电动机全压启动电流，A；I_N 为电动机额定电流，A；S 为电源变压器容量，kV·A；P 为电动机功率，kW。

不满足直接启动条件的，均须采用降压启动。降压启动的目的是减小电动机启动电流，从而减小电网供电的负荷。由于启动电流的减小，必然导致电动机启动转矩下降，因此，凡采用降压启动措施的电动机，只适合空载或轻载启动。

三相笼型异步电动机降压启动的方法

三相笼型异步电动机常见的降压启动方法有：

(1)定子绕组串电阻降压启动。原理是在电动机启动时，把电阻串接在电动机定子绕组与电源之间，通过电阻的分压作用来降低定子绕组上的启动电压。待电动机启动后，再将电阻短接，使电动机在额定电压下正常运行。串电阻降压启动的缺点是减小了电动机的启动转距，同时启动时在电阻上功率消耗也较大。如果启动频繁，则电阻温度很高，对精密的机床将会产生一定的影响，因此，目前这种降压启动的方法，在生产实际中已基本不用了。

(2)自耦变压器降压启动。原理是在电动机启动时利用自耦变压器来降低加在电动机定子绕组上的启动电压。待电动机启动后，再使电动机与自耦变压器脱离，从而在全压下正常运行。自耦变压器降压启动的特点是不受电动机定子绕组接法的限制，并能根据负载情况对启动电压进行调节(自耦变压器备有额定电压60%和80%两档抽头)；但起动时间长，不能频繁启动；其产品有手动控制式和自动控制式两种。

(3)Y-△降压启动。原理是在电动机启动时利用接触器将电动机定子绕组接成Y接法，使△形接法的电动机加在每相定子绕组上的启动电压只有△形接法 $1/\sqrt{3}$，启动电流为△形接法的1/3，启动转矩也只有△形接法的1/3；待电动机启动后，再通过接触器将电动机定子绕组接成△形接法，使电动机在额定电压下运行。Y-△降压启动的优缺点是较自耦变压器降压启动控制设备简单，成本较低；但只适合于电动机定子绕组为△形接法的电动机，而且其所带负载只能是全压启动时的1/3以下。

(4)延边△形降压启动。原理是指电动机启动时，把定子绕组的一部分接成"△"，另一部分接成"Y"，使整个绕组接成延边△，如图6-1-3(a)所示。待电动机启动后，再把定子绕组改接成△形全压运行，如图6-1-3(b)所示。延边△形降压启动是在Y一△降压启动的基础上加以改进而形成的一种启动方式，它把Y形和△形两种接法结合起来，使电动机每相定子绕组承受的电压小于△形接法时的相电压，而大于Y形接法时的相电压，并且每相绕组电压的大小可通过改变电动机绕组抽头(U3，V3，W3)的位置来调节，从而克服了Y一△降压启动时启动电压偏低、启动转矩偏小的缺点；但因其必须在定子绕组上有多个抽头，不是所有的电动机能采用的，所以使用受到了局限。

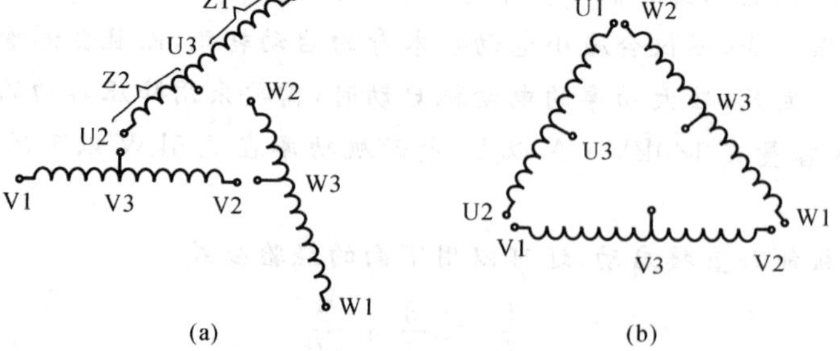

图6-1-3　延边△降压启动电动机定子绕组的连接方式

(a)延边△接法；(b)△接法

三、时间继电器自动控制Y-△降压启动控制线路

时间继电器自动控制Y-△降压启动控制线路如图6-1-4所示。

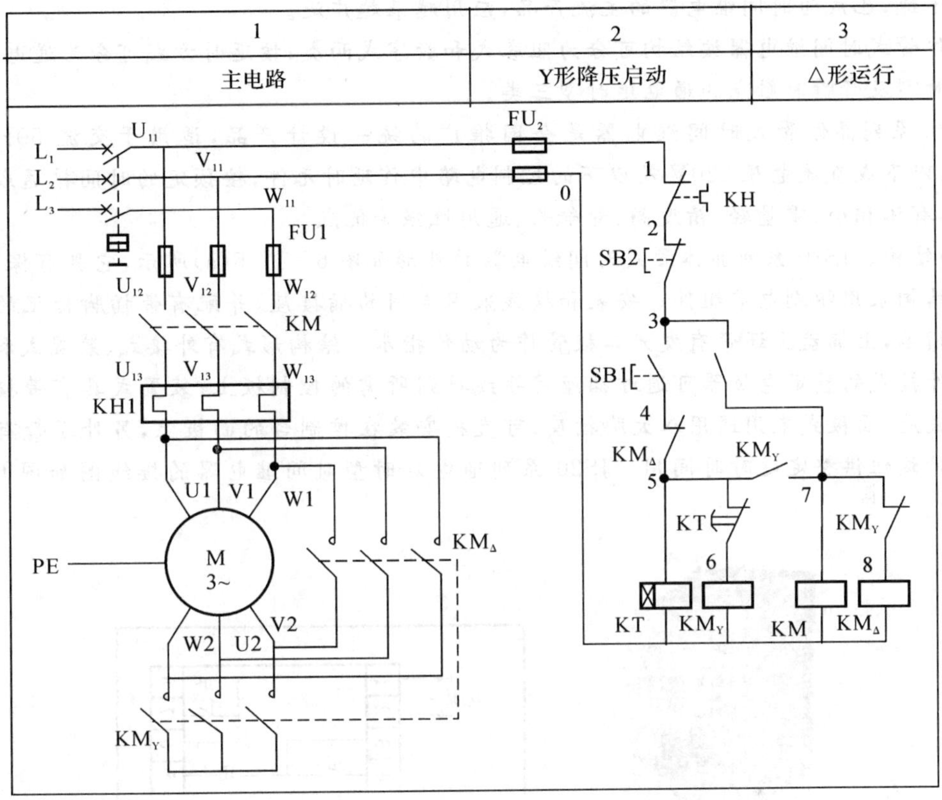

图 6-1-4　时间继电器控制 Y-△降压启动控制原理图

引导问题 6-1-3　原理图中时间继电器起何作用？

引导问题 6-1-4　图 6-1-4 中 $KM_{\triangle}$ 常闭触头与 KM_{Y} 常闭触头起何作用？

小词典

时间继电器

时间继电器是一种利用电磁原理或机械动作原理来实现触头延时闭合或分断的自动控制电器。它从得到动作信号到触头动作有一定的延时，因此它可广泛应用于需要按时间顺序进行自动控制的电气线路中。

1. 时间继电器的种类

时间继电器的种类很多，常用的主要有电磁式、电动式、空气阻尼式、晶体管式等类型，在电力拖动控制系统线路中，随着机械设备加工精度的提高，对延时精度控制要求也相应提高，因此，电磁式和空气阻尼式时间继电器已不能满足要求，目前应用较多的是电动式和晶体管式时间继电器。下面以 JS20 系列晶体管式时间继电器为例，介绍时间继电器的结构、图形符号、型号含义及技术数据。

2. JS20 系列晶体管式时间继电器

晶体管式时间继电器也称为半导体时间继电器或电子式时间继电器，具有机械结构简单、延时范围宽、整定精度高、体积小、耐冲击、耐振动、消耗功率小、调整方便及寿命长等优点，所以发展迅速，已成为时间继电器的主流产品，应用越来越广泛。

晶体管式时间继电器按结构可分为阻容式和数字式两类；按延时方式可分为通电延时型、断电延时型及带瞬时触点的通电延时型三类。

JS20系列晶体管式时间继电器是全国推广的统一设计产品，适用于交流50H_Z、电压380V及以下或直流电压220V及以下的控制电路中作延时元件，按预定的时间接通或分断电路，它具有体积小、重量轻、精度高、寿命长、通用性强等优点。

(1)结构。JS20系列晶体管式时间继电器的外形如图6-1-5(a)所示，它具有保护外壳，其内部结构采用印刷电路组件。安装和接线采用专用的插接座，并配有带插脚标记的下标牌作接线指示，上标盘上还带有发光二极管作为动作指示。结构形式有外接式、装置式和面板式三种。外接式的整定电位器可通过插座用导线接到所需的控制板上；装置式具有带接线端子的胶木底座；面板式采用通用八大脚插座，可直接安装在控制台的面板上，另外还带有延时刻度和延时旋钮供整定延时时间用。JS20系列通电延时型时间继电器的接线图如图6-1-5(b)所示。

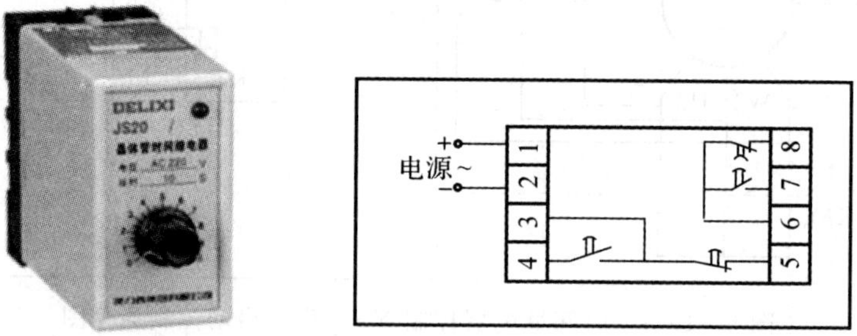

(a) (b)

图6-1-5 JS20系列通电延时型时间继电器外形和接线示意图

(a)外形图；(b)接线示意图

(2)图形符号。时间继电器在电路图中的符号如图6-1-6所示。

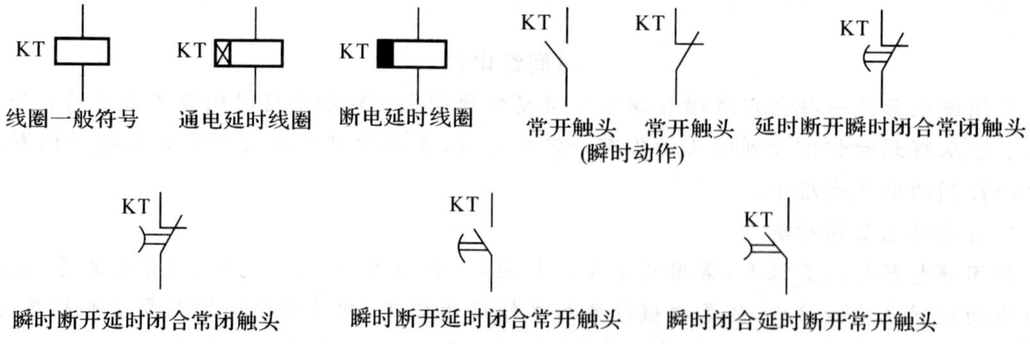

图6-1-6 时间继电器电器的符号

(3)型号含义及技术数据。JS20系列晶体管时间继电器的型号含义如图6-1-7所示。

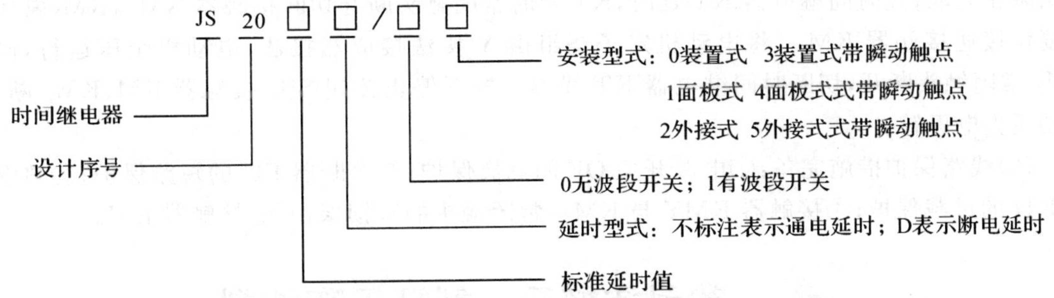

图 6-1-7　晶体管时间继电器型号含义

JS20 系列晶体管时间继电器的主要技术参数见表 6-1-4。

表 6-1-4　JS20 系列晶体管时间继电器的技术参数

型号	结构形式	延时整定元件位置	延时范围 s	延时触头对数				不延时触头对数		误差/(%)		环境温度 ℃	工作电压/V	
				通电延时		断电延时								
				常开	常闭	常开	常闭	常开	常闭	重复	综合		交流	直流
JS20—□/00	装置式	内接	0.1～300	2	2	—	—	—	—	±3	±10	—10～40	36，110，127，220，380	24，48，110
JS20—□/01	面板式	内接		2	2									
JS20—□/02	装置式	外接		2	2									
JS20—□/03	装置式	内接		1	1	—	—	1	1					
JS20—□/04	面板式	内接		1	1			1	1					
JS20—□/05	装置式	外接		1	1			1	1					
JS20—□/10	装置式	内接	0.1～3600	2	2	—	—	—	—					
JS20—□/11	面板式	内接		2	2									
JS20—□/12	装置式	外接		2	2									
JS20—□/13	装置式	内接	0.1～3600	1	1	—	—	1	1	±3	±10	—10～40	36，110，127，220，380	24，48，110
JS20—□/14	面板式	内接		1	1			1	1					
JS20—□/15	装置式	外接		1	1			1	1					
JS20—□D/00	装置式	内接	0.1～180	—	—	2	2	—	—					
JS20—□D/01	面板式	内接				2	2							
JS20—□D/02	装置式	外接				2	2							

时间继电器自动控制 Y—△降压启动线路特点(见图 6-1-3)。

(1)各接触器功能明确。接触器 KM 用作接通和断开电动机电源；接触器 KM_Y将电动机定子绕组接成 Y 接法；接触器 $KM_\triangle$将电动机定子绕组接成△接法。

(2)控制线路设计简明。按下启动按钮 SB1 时先由接触器 KM_Y将电动机定子绕组接成 Y 接法，同时时间继电器 KT 线圈得电，再通过 KM_Y常开触头接通接触器 KM，使电动机接成 Y

接法降压启动；经时间继电器 KT 延时，KT 延时常闭触头断开切断接触器 KM_Y，KM_Y 常闭触头复位接通接触器 $KM_\triangle$，将电动机定子绕组由 Y 接法接成△接法，电动机全压运行，同时 $KM_\triangle$ 常闭触头断开，切断时间继电器 KT 线圈。按下停止按钮 SB2 接触器 KM、$KM_\triangle$ 断电，电动机失电停转。

(3)线路保护措施完备：①电源开关 QF 的隔离保护；②熔断器 FU 的短路保护；③热继电器 KH 的过载保护；④接触器 KMY 与 KM△常闭触头的联锁保护；⑤接触器 KM。

学习活动二　制订工作计划

学习过程

一、实施任务的设想或步骤

根据任务列出实施计划，见表 6－2－1。

表 6－2－1　实施任务步骤表

序　号	步　骤	备　注
1	实地勘测	
2	知识储备	
3	劳保、安全措施准备	
4	材料准备	
5	任务实施	
6	资料归档	

二、小组分工

根据职能和施工任务进行分工，并记录到表 6－2－2 中。

表 6－2－2　小组成员分工表

小组名			
序　号	组　员	分　工	备　注

三、元件、工具、耗材清单

根据任务单，计算出元件型号规格，并列出所需元件、工具、耗材清单填入表 6-2-3 中。

表 6-2-3　元器件、工具、耗材清单表

序号	类别	实物图	名称	文字符号	型号规格	数量	作用
1			三相异步电动机	M	Y100L2-4.7 5kW，380V，8.8A，△接法	1	负载
2	元器件			QF	DZ47-20/330 三级复式脱扣器，380V，20A	1	接通和分断电路
3			螺旋式熔断器	FU1	RL1-60/20 380V，60A，配熔体 20A	3	短路保护
4			螺旋式熔断器	FU2		2	
5			接触器	KM		3	
6			热继电器	KH		1	
7			时间继电器	K7		1	
8			按钮	SB1、SB2		1	
9		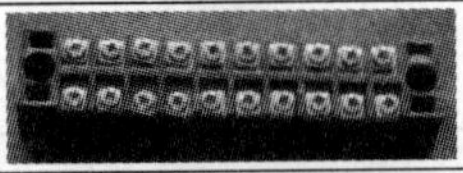	端子板	XT	JX2-1515 15A，15节，660V	1	连接
10	工具、仪表				6in	1	导线整形
11		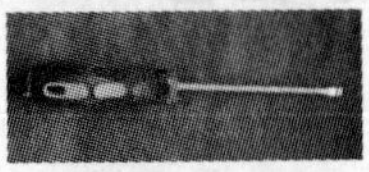			5 * 200mm	1	起螺钉
12		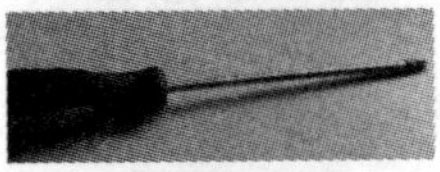			5 * 200mm	1	起螺钉
13			剥线钳		175mm	1	剥削导线
14			万用表		MF47	1	检测
15			兆欧表			1	检测

续表

序号	类别	实物图	名称	文字符号	型号规格	数量	作用
16	耗材		配电板		600mm * 600mm * 20mm	1	安装
17			动力电路塑铜线		BV	若干	连接
18			控制电路塑铜线			若干	
19			按钮塑铜软线			若干	
20			接地塑铜软线		BVR1.5mm^2（黄绿双色）	若干	保护
21			木螺钉		ϕ5 * 60	若干	固定

四、计划任务完成时间

根据任务制定的完成时间见表 6-2-4。

表 6-2-4 计划任务完成时间表

任务	计划完成时间/min	实际完成时间	备注
施工前准备	20 分钟		
元件安装固定	20 分钟		
板前配线	120 分钟		
线路调试	30 分钟		

学习活动三 施工前准备

学习过程

一、劳保、安全措施准备

按表 6-3-1 准备劳保用品和做好安全措施。

表 6－3－1　劳保、安全措施准备表

序　号	项　目	准备内容	是否具备
1	劳保	安全帽	
		工作服	
		绝缘鞋	
2	安全措施	工作票填写	
		警示牌	
		接地线	

二、工具、元器件、耗材准备

根据元件清单，填写领料单（见表 6－3－2），并领出所需器件。

表 6－3－2　领　料　单

领料部门________　　　　　　　　　　　　　　No：

生产单号：　　　　　　　　　　　　　　　　　年　　月　　日

序　号	品　名	型号规格	单　位	请领数量	实发数量	备　注

制单：　　　　　审核：　　　　　领料：　　　　　发料：

学习活动四　学习任务实施

学习过程

一、工序及工期安排

工序及工期安排见表 6－4－1。

表 6-4-1　工序及工期安排表

序　号	工序工作内容	完成时间	备　注
1	工序一名称:器件检测		
2	工序二名称:器件安装		
3	工序三名称:板前配线		
4	工序四名称:线路调试		

二、任务实施

1. 实施工序一:器件检测

(1)检查、对照元器件型号规格是否与表 6-2-3 相符。

(2)检测元器件好坏,并填写元器件检测报告表,见表 6-4-2。

表 6-4-2　元器件检测报告表

序　号	元器件名称	检测数据	是否合格
1			
2			
3			
4			
5			
6			
7			
8			
9			

提示

时间继电器的检测

(1)断电检测:①外形检查;②型号规格核查。

(2)通电检测:②延时触头延时动作;②延时精度。

通电检测将设好延时时间的时间继电器按校验图 6-4-1 所示联线路进行通电校验。

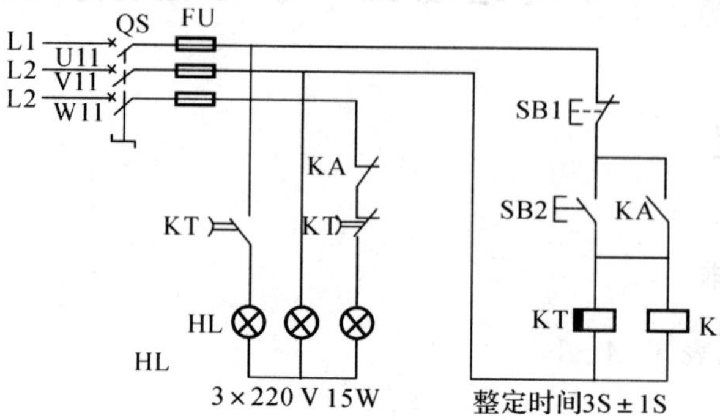

图 6-4-1　时间继电器校验图

2. 实施工序二：器件安装

(1)按图 6-4-2 所示尺寸安装元器件。

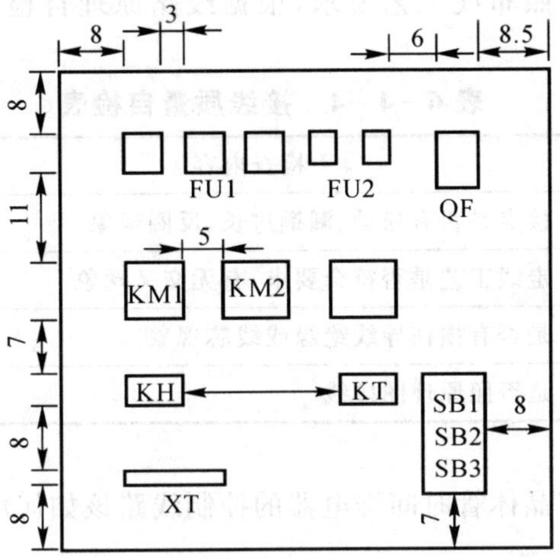

图 6-4-2　时间继电器控制 Y—△降压启动控制线路元件布置图

(2)元器件安装质量检测报告。元器件安装完毕后，根据安装工艺要求进行安装质量检查，将检查结果记录到表 6-4-3，并对安装质量不合格的进行重新安装。

表 6-4-3　元器件安装质量检测报告表

序　号	元器件名称	安装质量检测	是否合格
1			
2			
3			
4			
5			
6			
7			
8			
9			

3. 实施工序三：板前配线

(1)按图 6-1-3 所示原理图进行板前接线。

提示

晶体管时间继电器接线注意事项

(1)晶体管时间继电器的接线是接在插接座上，一定要注意插接座上的标号应与接线图相对应。

(2)晶体管时间继电器延时常开触头和延时常闭触头有公共点，在照原理图接线时应注意如果时间继电器延时常开触头和延时常闭触头不是同一接点就得分开接线，不得采用公共点的同一对延时常开触头和延时常闭触头；是同一接点就可用公共点的同一延时触头接线，这样可少接线。

（2）自检接线质量。按照布线工艺要求，根据线路原理自检接线质量，并将结果填入表6－4－4中。

表6－4－4　接线质量自检表

序　号	检查项　目	检查内容	检查结果
1	布线工艺	接点是否有松动、漏铜过长、反圈现象	
		走线工艺是否符合要求，有无交叉现象	
		是否有损伤导线绝缘或线芯现象	
2	接线正确性	是否照原理图接线	

引导问题6－4－1　有晶体管时间继电器的控制线路该如何用电阻法检测接线正确性？

小贴士

用电阻法检测晶体管时间继电器控制的线路接线正确性的注意事项

（1）由于晶体管时间继电器没有通电其常闭触头接点不会闭合，在用电阻法检测其正确性时要将其常闭触头先进行短接。

（2）晶体管时间继电器的线圈电阻值也与电磁式低压电器线圈电阻值不同，在用电阻法检测时应注意。

4．实施工序四：线路调试

（1）通电前的准备。线路通电试车前对应表6－4－5中的准备项目进行检查，并填写通电准备情况记录表。

表6－4－5　通电前准备情况记录表

序　号	准备项　目	准备内容	是否合格
1	接线正确性	电源相序为正相序	
2	接地线连接	电动机、控制开关的金属外壳接地	
3	绝缘电阻检测	线路绝缘电阻检测值为1MΩ	
4	电动机检测	电动机机械检查转子转动灵活	
		电气检测定子绕组绝缘电阻不小0.5MΩ	
		电动机使用电源电压和接法必须与铭牌规定一致	

（2）通电试车。线路通电时车时按表6－4－6中所列步骤进行通电时车，注意应按电工安全操作规程必须有一人监护。

表 6-4-6　通电试车操作步骤表

序　号	应操作步骤	已操作
1	连接电源线(L1,L2,L3)	
2	合上电源断路器	
3	合上控制线路断路器(QF)	
4	按下启动按钮 SB1,观察 KT,KMY,KM 线圈得电的工作情况,观察电动机是否接成星形降压启动	
5	观察时间继电器能否将 KMY 切断自动切换到 KM△得电,电动机转为三角形运行	
6	按下停止按钮 SB2、观察电动机停止情况	
7	断开控制线路断路器(QF2)	
8	断开电源断路器(QF1)	
9	断开电源线(L1,L2,L3)	

引导问题 6-4-2　通电试车时时间继电器延时时间已过,但接触器 KMY 线圈仍没失电,接触器 KM△线圈没有得电,试分析线路故障范围,并查找故障点。

小贴士

电气故障检修的一般步骤和方法

日常维护保养能降低电气故障的发生率,但绝不可能杜绝电气故障的发生,能够采用正确的检修步骤和方法,找出故障点并排除故障是维修电工必须掌握的技术之一。

1. 电气故障检修的一般步骤

(1)检修前的故障调查。当电气设备发生故障后,切忌盲目动手检修。在检修前,应通过问、看、听、摸、闻来了解故障前后的操作情况和故障发生后出现的异常现象,根据故障现象判断故障发生的部分,进而准确地排除故障。

(2)确定故障范围。对简单的线路,可采取每个电器元件、每根连接导线逐一检查的方法找到故障点;对复杂的线路,应根据电气设备的工作原理和故障现象,采用逻辑分析法结合外观检查法、通电试验法等来确定故障可能发生的范围。

(3)查找故障点。选择合适的检修方法查找故障点。常用的检修方法有:直观法、电压测量法、电阻测量法、短接法、试灯法、波形测试法等。查找故障必须在确定的故障范围内,顺着检修思路逐点检查,只到找出故障点。

(4)排除故障。针对不同故障情况和部位采取正确的方法修复故障。对更换新元件要注意尽量使用相同规格、型号,并进行性能检测,确认性能完好后方可替换。在故障排除中,还要注意避免损坏周围的元件、导线等,防止故障扩大。

(5)通电试车。故障修复后,应重新通电试车,检查生产机械的各项操作是否符合技术要求。

2. 查找故障点的常用方法

检修过程的重点是判断故障范围和确定故障点。测量法是维修电工工作中用来准确确定故障点的一种行之有效的检查方法。常用的测量工具和仪表有校验灯、测电笔、万用表、钳形电流表、兆欧表等，通过对电路进行带电或断电时的有关参数如电压、电阻、电流等的测量，来判断电器元件的好坏、设备的绝缘情况及线路的痛断情况等。

在用测量法检查故障点时，一定要保证测量工具和仪表完好，使用方法正确，还要注意防止感应电，回路电及其他并联支路的影响，以免产生误判断。常用的测量方法已在任务三中介绍了电压测量法和电阻测量法，下面介绍短接法。

短接法是用一根绝缘良好的导线，把所怀疑的断路部位短接，如短接过程中电路被接通，就说明该处断路。这种方法是检查线路断路故障的一种简便、可靠的方法。

(1)局部短接法。用局部短接法检查故障如图 6-4-3 所示。按下启动按钮 SB2，若 KM1 不吸合，说明电路有光泽。检查前，先用万用表测量 1—0 两点间的电压，若电压正常，可按下 SB2 不放，然后用一根绝缘良好的导线分别短接标号相邻的两点 1—2，2—3，3—4，4—5，5—6（注意绝对不能短接 6—0 两点，否则会造成电源短路），当短接到某点时，接触器 KM1 动作，即说明故障点在该两点之间，见表 6-4-7。

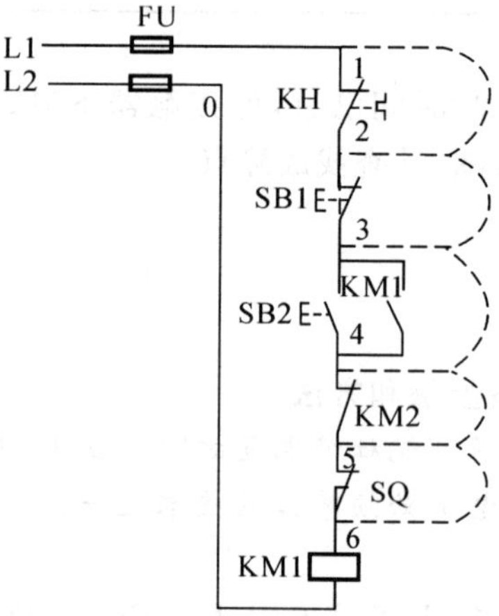

图 6-4-3 局部短接法

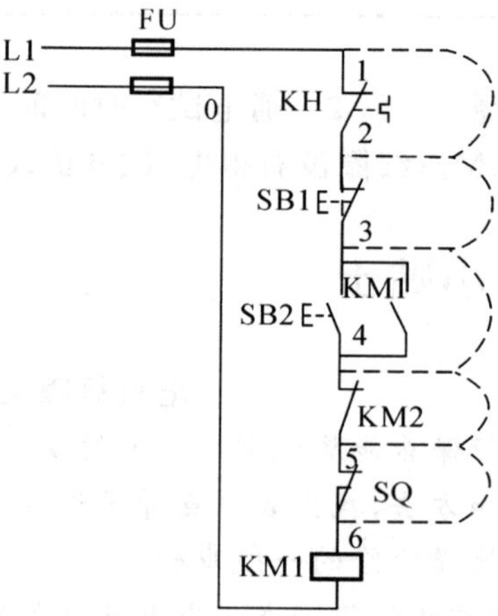

图 6-4-4 长短接法

表 6-4-7 用局部短接法查找故障点

故障现象	测试状态	短接点标号	电路状态	故障点
按下 SB2，KM1 不吸合	按下 SB2 不放	1—2	KM1 吸合	KH 常闭触头接触不良或误动作
		2—3	KM1 吸合	SB1 触头接触不良
		3—4	KM1 吸合	SB2 触头接触不良
		4—5	KM1 吸合	KM2 常闭触头接触不良
		5—6	KM1 吸合	SQ 触头接触不良

(2)长短接法。长短接法是一次短接两个或两个以上触头来检查线路断路故障的方法，用长短接法检查故障如图 6-4-4 所示。

在图 6-4-4 所示电路中，当 KH 的常闭触头和 SB1 的常闭触头同时接触不良时，若用局部短接法接 1—2 点，按下 SB2，KM1 仍不能吸合，则可能造成判断错误。而用长短接法将 1—6 两点短接，如果 KM1 吸合，则说明 1—6 这段电路上有断路故障，然后再用局部短接法逐段找出故障点。

长短接法的另一个作用是可把故障范围缩小到一个较小的范围。例如，第一次先短接3—6两点，如果KM1不吸合，再短接1—3两点，KM1吸合，说明故障在1—3范围内。可见，长短接法和局部接法结合使用，很快就能找出故障点。

用短接法检测故障时必须注意：

(1)用短接法检测时，是用手拿着绝缘导线带电操作，所以一定要注意用电安全。

(2)短接法一般只适用检测控制电路，不能在主电路中使用，且绝对不能短接负载，或压降较大的电器，如电阻、线圈、绕组等的断路故障，否则将发生短路现象。

(3)对于生产机械的某些要害部位，必须保证电气设备或机械部件不会出现事故的情况下，才能使用短接法。

在实际检修中，电气故障是多样的，就是同一种故障现象，发生故障的部位往往也是不同的。因此，采用以上故障检修步骤和方法时，不要生搬硬套，而应根据故障性质和具体情况灵活应用，各种方法可交叉使用，力求迅速、准确地找出故障点。

3.故障修复及注意事项

查找出电气设备的故障点后，就要着手进行修复、试运行和记录等，然后交付使用。在此过程中应注意以下几点：

(1)在找出故障点和修复故障时，应注意不要把找出故障点作为寻找故障的终点，还必须进一步分析查明产生故障的根本原因，避免类似故障再次发生。

(2)在故障的修复过程中，一般情况下应尽量复原。

(3)每次修复故障后，应及时总结经验，并做好维修记录，作为档案以备日后维修时参考。

(3)按6S管理要求清理现场。通电试车完毕，对工作现场按6S管理要求进行清理，工具、器件归位，资料归档。

三、任务完成评价

1.以个人为单位，展示个人安装成果

根据表6-4-8评分标准进行评分。

表6-4-8　线路安装调试评分表

评价内容		分值	评分		
			自我评价	小组评价	教师评价
器件选测	器件型号规格选择正确	10			
	器件好坏检测正确				
器件安装	安装方法、步骤正确，符合工艺要求	10			
	元器件安装牢固、合理、整齐				

续表

评价内容		分　值	评　分		
			自我评价	小组评价	教师评价
板前布线	按电路图正确接线	40			
	布线方法、步骤正确，符合工艺要求				
	布线横平竖直，整洁有序，接线紧固美观				
	电源和电动机按钮正确接到端子排上，并准确注明引出端子号				
	接点牢固、接头漏铜长度适中，无反圈、压绝缘层、标记号不清楚、遗漏或误标等问题				
	施工中导线绝缘层或线芯无损伤				
线路调试	主回路调试	30			
	控制回路调试				
	设备正常运转无故障或出现故障正确排除				
安全文明生产	遵守安全文明生产规程	10			
	施工完成后认真清理现场				
施工额定用时 210 min　实际用时________　超时扣分：					
合计					
实施综合评价等级 （D＜60 分　60＜C＜80　80＜B＜90　90＜A）					

2. 以小组为单位，考核小组合作检修能力

考核模式：以小组为单位，每小组准备一块安装正确的时间继电器自动切换 Y－△降压启动控制线路板，由其他小组在控制板上出两处故障。

出题要求：①不得改动接线；②不得出短路故障；③不得损坏元器件。

根据故障现象和排除故障过程，填写表 6－4－9。

表 6－4－9　故障分析报告表

小组成员个人填报内容					小组综合内容
故障现象描述	1.	2.	3.	4.	
故障范围分析	1.	2.	3.	4.	

续 表

小组成员个人填报内容					小组综合内容
故障查找步骤	1.	2.	3.	4.	
线路调试	1.	2.	3.	4.	
安全文明生产	遵守安全文明生产规程				
	施工完成后认真清理现场				

评分标准见表 6－4－10。

表 6－4－10　线路检修评分表

评价内容		分　值	评　分		
			自我评　价	小组评价	教师评价
故障现象描述		20			
故障范围分析		20			
故障查找步骤		30			
线路调试		20			
安全文明生产	遵守安全文明生产规程	10			
	施工完成后认真清理现场				
施工额定用时 30min　实际用时＿＿＿＿　超时扣分：					
合计					
实施综合评价等级 (D＜60 分　60＜C＜80　80＜B＜90　90＜A)					

学习活动五　评价与总结

学习过程

以小组形式，完成对学习过程的综合评价，对学习过程和实训成果进行汇报总结。

一、任务考核与评价

技能考核见表 6－5－1。

表 6－5－1　技能考核与评价标准

评分内容	配　分	评价标准	扣分情况	得　分
运行成功率	40 分	接线正确，通电后电动机运转成功	1.电动机不能正常转动或不能停止，扣 10 分； 2.电动机不能实现正转，扣 5 分； 3.电动机不能实现互锁，扣 5 分； 4.短路，扣 20 分	
挂件	20 分	安装元器件，符合工艺要求	1.选择元器件及检查 5 分； 2.元器件安装美观度 5 分； 3.元器件安装可靠性 5 分； 4.元器件安装合理性 5 分	
布线	20 分	布线整齐、美观，导线用量合理，符合工艺要求	1.选线准确 2 分； 2.布线交叉情况 3 分； 3.接触良好 3 分； 4.总体美观，用线量合理 10 分	
安全试车	10 分	操作安全规范，对存在的故障能独立自行排除	1.存在故障找不出原因或不能排除的根据故障情况适当扣分； 2.没有遵守安全操作规范通电试车的扣 10 分	
工时	10 分	按规定工时	每超过 15 min 扣 2 分	
考核项　目	Y－△降压启动控制线路			
小组分工	（分工时小组成员应轮换工序）			
考核			合计总分	
综合评价等级				
（D＜60 分　60＜C＜80　80＜B＜90　90＜A）				

2.综合评价（知识、技能、素养）

根据课题完成过程中，学生的综合表现进行自我、小组、教师评价，并列于表 6－5－2 中。

表 6－5－2　综合评价表

评价项　目	评价内容		评价标准	评价方式		
				自我评　价	小组评价	教师评价
职业素养	过程化考核	安全意识、责任意识	A 作风严谨、自觉遵章守纪、出色完成工作任务； B 能够遵守规章制度、较好完成工作任务； C 遵守规章制度、没完成工作任务或完成工作任务、但忽视规章制度； D 不遵守规章制度、没完成工作任务			

续 表

评价项目	评价内容		评价标准	评价方式		
				自我评价	小组评价	教师评价
职业素养	过程化考核	学习态度、主动性	A 积极参与教学活动，全勤； B 缺勤达本任务总学时的 10%； C 缺勤达本任务总学时的 20%； D 缺勤达本任务总学时的 30%			
		团队合作意识	A 与同学协作融洽、团队合作意识强； B 与同学能沟通、协同工作能力较强； C 与同学能沟通、协同工作能力一般； D 与同学沟通困难、协同工作能力较差			
		工序一评价	A 不仅自己熟练掌握技能要求，还能辅导他人； B 已熟练掌握技能要领，并完全达到要求； C 初步掌握技能要领，能独立操作但不熟练； D 正在学习技能与要求，但不能独立操作			
职业技能		工序二评价	A 不仅自己熟练掌握技能要求，还能辅导他人； B 已熟练掌握技能要领，并完全达到要求； C 初步掌握技能要领，能独立操作但不熟练； D 正在学习技能与要求，但不能独立操作			
		工序三评价	A 不仅自己熟练掌握技能要求，还能辅导他人； B 已熟练掌握技能要领，并完全达到要求； C 初步掌握技能要领，能独立操作但不熟练； D 正在学习技能与要求，但不能独立操作			
		工序四评价	A 不仅自己熟练掌握技能要求，还能辅导他人； B 已熟练掌握技能要领，并完全达到要求； C 初步掌握技能要领，能独立操作但不熟练； D 正在学习技能与要求，但不能独立操作			
	终结考核	知识与技能	A 评价成绩为 90～100 分； B 评价成绩为 75～89 分； C 评价成绩为 60～75 分； D 评价成绩为 0～60 分			
学生签名			综合评价等级			
综合评价建议						
指导教师			日期			

三、工作总结

1. 学习总结

以小组为单位，选择演示文稿、展板、海报、录像等形式中的一种或几种，向全班展示、汇报学习成果，并将交流记于表 6－5－3 中。

表 6－5－3　经验交流记录表

业务实施过程		持续改进、行动计划		学习与工作宝贵经验
提出人	过程记录	提出人	改进记录	经验记录

2. 教师点评与总结

本课题是技能提升课题，重点去学生对电路和的分析能力上，同比增加了故障排除环节。

任务七　综合实训

学习目标

知识目标	·熟悉各元器件的功能、基本结构、工作原理、型号含义；熟记其图形符号和文字符号 ·熟悉基本控制线路的设计要求
技能目标	·能正确识别、选择、安装、使用各元器件 ·能正确熟练地按控制要求设计、安装、调试控制线路
素养目标	·现场6s管理能力，团队协作、规范的操作能力

情景描述

以机床设备加工工艺需求为蓝本，设计机床设备电气控制要求的部分控制线路。

实施流程

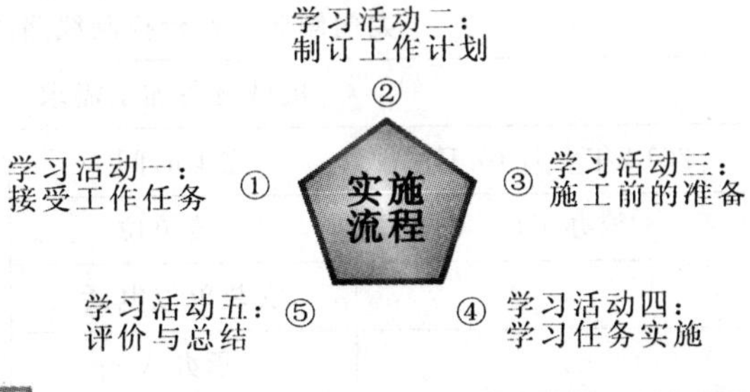

学习活动一　接受工作任务

学习过程

一、讨论情景描述中设备加工运动过程

龙门刨床（见图 7－1－1）加工运动过程：

(1)工作台在右端限位处，放置加工工件后，刀架放下；
(2)工作台向左运动，开始刨削加工工件；
(3)工作台运动到左端限位后停下；
(4)刀架抬起；
(5)工作台向右运动返回到右端限位停下；
(6)刀架放下，进行再次刨削加工；
(7)如此往复直至加工完毕。

(a)

(b)

图 7-1-1　龙门刨床实物图

二、布置任务

任务布置见表 7-1-1。

表 7-1-1　安装工作联系单

流水号：　　　　　　2011-01-043

类别：水□　电□　暖□　土建□　其他□　　　　　　日期：2012 年 7 月 7 日

安装地点	校办工厂		
安装项　目	龙门刨床工作台控制线路改造		
需求原因	机械设备加工需求		
申报时间	2012 年 7 月 07 日	完工时间	2012 年 7 月 15 日
申报单位	校办工厂	安装单位	电气工程系
验收意见		安装单位电话	89896666
验收人		承办人	
申报人电话	89898888	承办人电话	
工厂负责人	黄××	工厂负责人电话	89899999

引导问题 7-1-1　根据龙门刨床加工运动过程写出对工作台电动机的控制要求。

三、根据工作台电动机的控制要求设计出工作台控制线路。

小贴士

设计电气控制线路的基本原则

由于电气控制线路是为整个机械设备和工艺过程服务的，所以在设计前要深入现场收集有关资料，进行必要的调查研究。电气控制线路的设计应遵循以下基本原则：

(1)应最大限度地满足机械设备对电气控制线路的控制要求和保护要求；

(2)在满足生产工艺要求的前提下，应力求使控制线路简单、经济、合理；

(3)保证控制的可靠性和安全性；

(4)操作和维修方便。

设计电气控制线路的方法及步骤

设计电气控制线路可采用经验设计法。所谓经验设计法就是根据生产机械的工艺要求选择适当的基本控制线路，再把它们综合地组合在一起。下面举例说明这种设计方法。

现有某专用机床给一箱体加工两侧平面。加工方法是将箱体加紧在可前后移动的滑台上，两侧平面用左右动力头铣削加工。其要求如下：

(1)加工前滑台应快速移动到加工位置，然后改为慢速进给。快进速度为慢进速度的20倍，滑台速度的改变是由齿轮变速机构和电磁铁来实现的，即电磁铁吸合时为快速，电磁铁释放时为慢速。

(2)滑台从快速移动到慢速进给应自动变换，铣削完毕要自动停车，然后由人工操作滑台快速退回原位后自动停车。

(3)具有短路、过载、欠压及失压保护。

本专用机床共有三台笼型异步电动机，滑台电动机M1的功率为1.1 kW，需正反转；两台动力头电动机M2和M3的功率为4.5 kW，只需要单向运转。试设计该机床的电气控制线路。

1.选择基本控制线路

根据滑台电动机M1需正反转，左右动力头电动机M2、M3只需单向运转的控制要求，选择接触器联锁正反转控制线路和接触器自锁正转控制线路，并进行有机地组合，设计画出控制线路草图，如图7-1-2所示。

2.修改完善线路

修改完善后的控制线路如图7-1-3所示。说明如下：

(1)根据加工前滑台应快速移到加工位置，且电磁铁吸合时为快进，说明KM1得电时，电磁铁YA应得电吸合，故应在电磁铁YA线圈回路中串入KM1的辅助常开触头，如图中①。

(2)滑台由快速移动自动变换为慢速进给，所以在电磁铁YA线圈回路中串接行程开关SQ3的常闭触头，如图中②。

(3)滑台慢速进给终止(切削完毕)应自动停车，所以应在接触器KM1控制回路中串接行程开关SQ1的常闭触头，如图中③。

(4)人工操作滑台快速退回，故在KM1辅助常开触头和行程开关SQ3常闭触头电路的两端并接接触器KM2辅助常闭触头，如图中④。

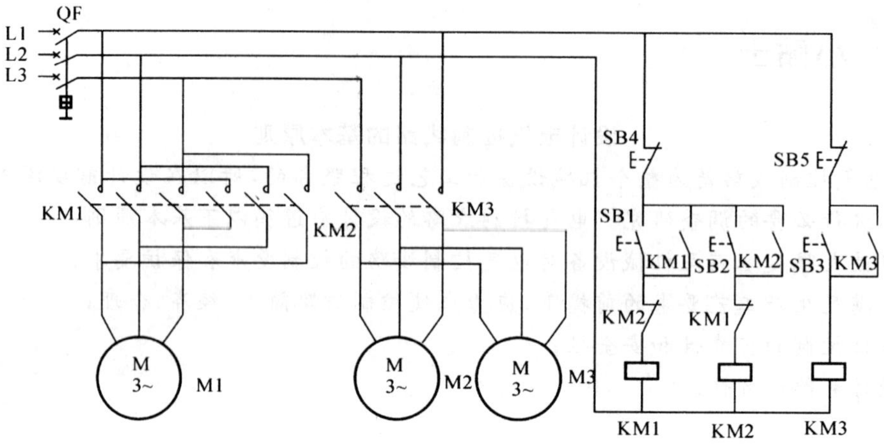

图 7-1-2 电气控制线路草图

(5)滑台快速返回到原位后自动停车，所以应在接触器 KM2 控制回路中串接行程开关 SQ2 思维常闭触头，如图中⑤。

(6)由于动力头电动机 M2，M3 随滑台电动机 M1 的慢速工作而工作，所以可把接触器 KM3 的线圈串接行程开关 SQ3 常开触头后与接触器 KM1 线圈并接，如图中⑥。

(7)线路需要短路、过载、欠压和失压保护，所以在线路中接入熔断器 FU1，FU2，FU3 和热继电器 KH1，KH2，KH3，如图中⑦和⑧。

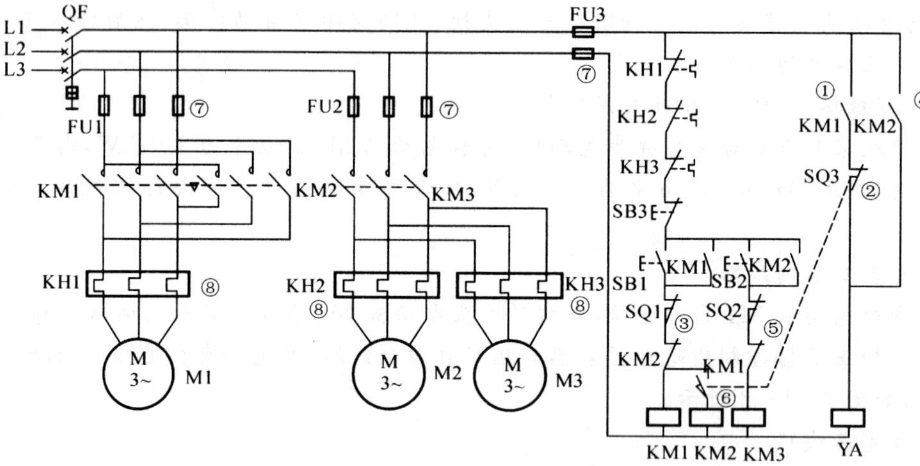

图 7-1-3 修改完善后的控制线路如图

3. 校核完成线路

控制线路初步设计完成后，可能还有不合理、不可靠、不安全的地方，应当根据经验和控制要求对线路进行认真仔细地校核，以保证线路的正确性和实用性。如上述线路中，由于电磁铁电感大，会产生大的冲击电流，有可能引起线路工作不可靠，故选择中间继电器以组成电磁铁的控制回路，如图 7-1-4 所示。

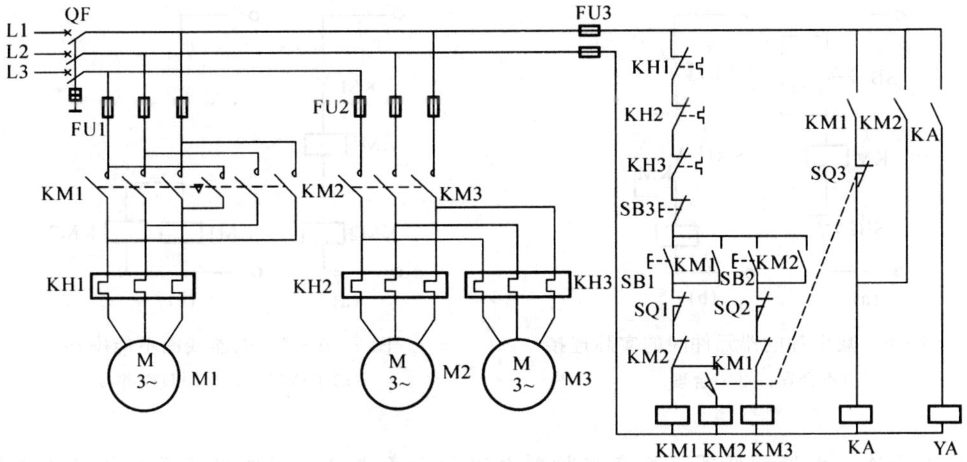

图 7-1-4　设计完成的控制线路

设计电气控制线路应注意的问题

用经验设计法设计线路时，除应牢固掌握各种基本控制线路的构成和原理外，还应注意了解机械设备的控制要求以及设计、使用和维修人员在长期实践中总结出的经验，这对于安全、可靠、经济、合理地设计控制线路是十分重要的，这些经验概括起来有以下几点。

(1)尽量缩减电器的数量，采用标准件和尽可能选用相同型号的电器。设计线路时，应减少不必要的触头以简化线路，提高线路的可靠性。若把图 7-1-5(a)所示线路改接成图 7-1-5(b)所示线路，就可以减少一个触头。

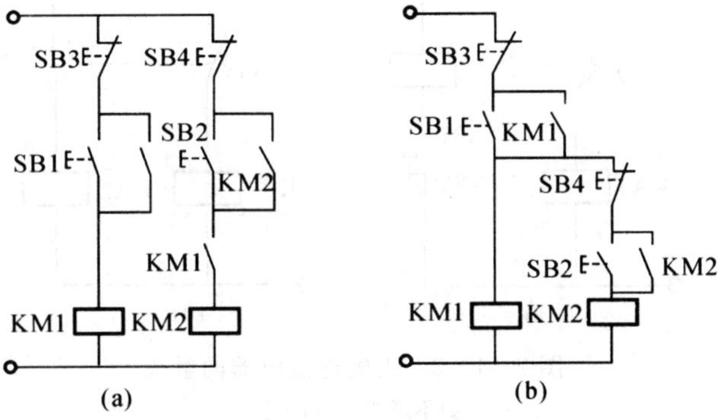

图 7-1-5　简化线路可减少触头

(a)多一个触头；(b)少一个触头

(2)尽量缩短连接导线的数量和长度。设计线路时，应考虑到各电器元件之间的实际接线，特别要注意电气柜、操作台和行程开关之间的连线。例如，图 7-1-6(a)所示的接线就不合理，因为按钮通常是安装在操作台上，而接触器则安装在电气柜内，所以若按此线路安装时，由电气柜内引出的连接线势必要两次引接到操作台上的按钮处。合理的接法应当是把启动按钮和停止按钮直接连接，而不经过接触器线圈，如图 7-1-6(b)所示，这样就减少了一次引出线。

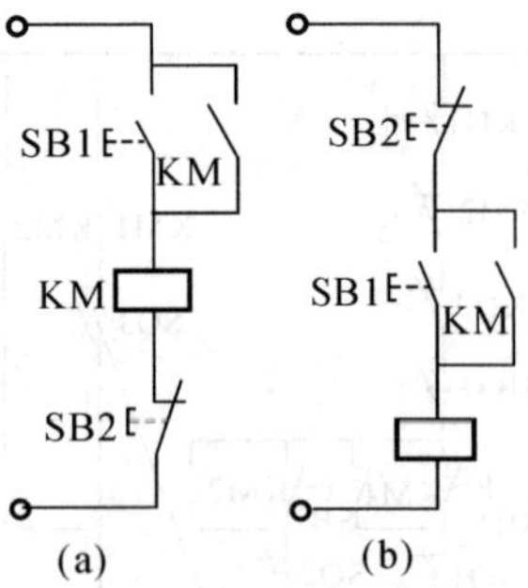

图 7-1-6　减少各电器元件间的实际连接

(a)不合理；(b)合理

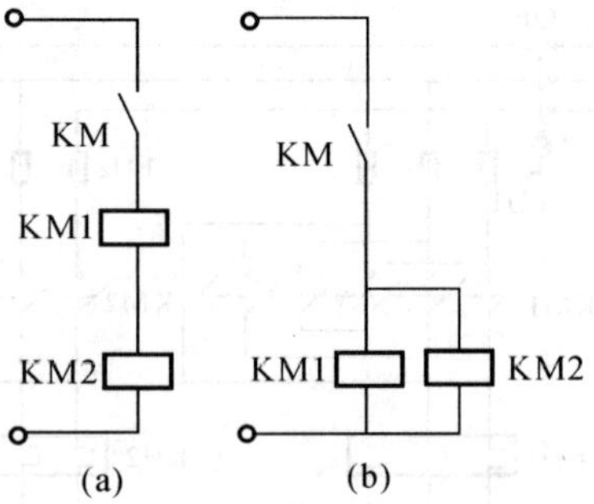

图 7-1-7　电器线圈不能串接

(a)不能串接；(b)只能并接

(3)正确连接电器的线圈。在交流控制电路的一条支路中不能串联两个电器的线圈，如图 7-1-7 所示。即使外加电压是两个线圈额定电压之和，也是不允许的。因为每个线圈上所分配到的电压与线圈阻抗成正比。两个电器需要同时动作时，其线圈应该并接。

(4)正确连接电器的触头。同一个电器的辅助常开和常闭触头靠得很近，如果连接不当，将会造成线路工作不正常。如图 7-1-8(a)所示接线，行程开关 SQ 的常开触头和常闭触头由于不是等电位，当触头断开产生电弧时，很可能在两头触头间形成飞狐而造成电源短路。因此，在一般情况下，对于共用同一电源的所有接触器、继电器以及执行电器，将线圈的一端均接在电源的一侧，控制触头接在电源的另一侧，如图 7-1-8(b)所示。

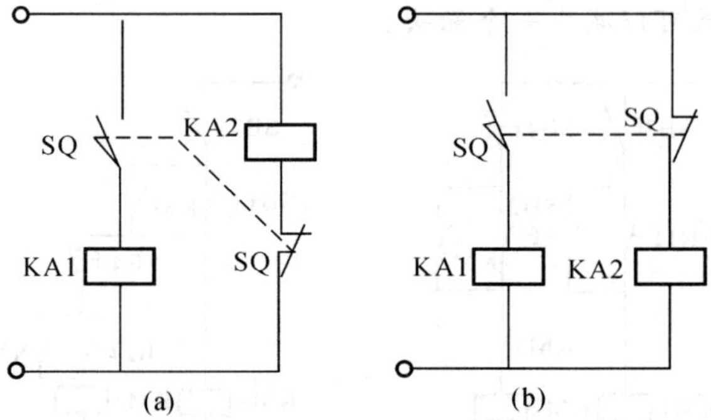

图 7-1-8　正确连接电器的触头

(a)不适当；(b)适当

(5)在满足控制要求的情况下，应尽量减少电器通电的数量。现以三相异步电动机串电阻降压启动的控制线路为例进行分析。在图 7-1-9(a)所示电路中，电动机启动后；接触器 KM1 和时间继电器 KT 就失去了作用，但仍然需要长期通电，从而使能耗增加，电器寿命缩短。而采用图 7-1-9(b)所示线路，就可以在电动机启动后切除 KM1 和 KT 的电源，既节约了电能，又延长了电器的使用寿命。

(6)应尽量避免采用许多电器依次动作才能接通另一个电器的控制线路。在如图 7-1-10(a)(b)所示线路中，中间继电器 KA1 和 KA2 两个电器的动作。若接成图 7-1-10(c)所示线路，KA3 的动作只需 KA1 电器动作，而且只需经过一对触头，工作更为可靠。

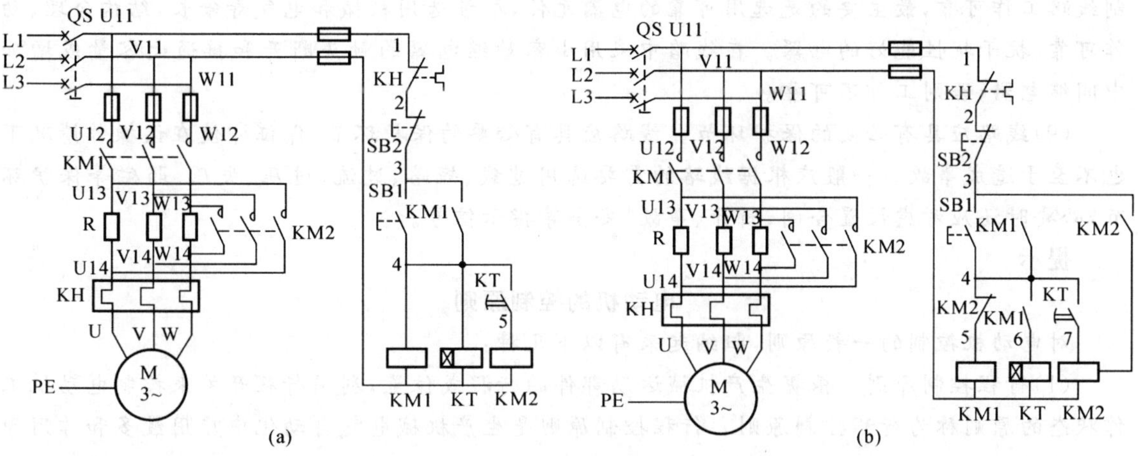

图 7-1-9 尽量减少电器通电数量

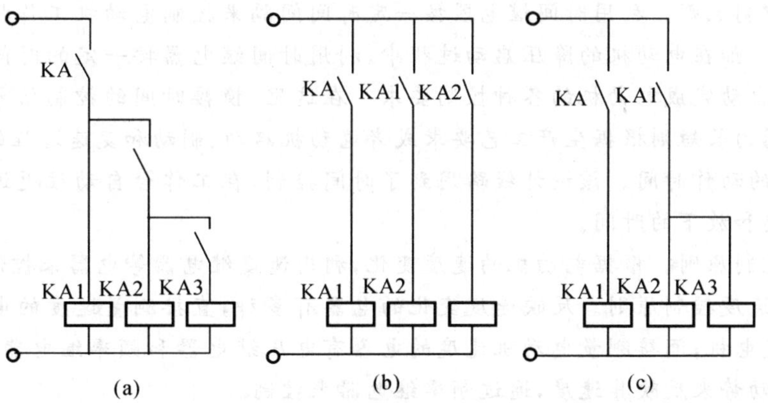

图 7-1-10 触头的合理使用

(a)不适当； (b)不适当； (c)适当

(7)在控制线路中应避免出现寄生回路。在控制线路的动作过程中，非正常接通的线路叫寄生回路。寄生回路会破坏电器元件和控制线路的动作顺序，在设计线路时要避免。图7-1-11所示线路是一个具有指示灯和过载保护的正反转控制线路。在正常工作时，能完成正反转启动、停止和信号指示。但当热继电器 KH 动作时，线路就出现了寄生回路。这是虽然 KH 的常闭触头已断开，由于存在寄生回路，仍有电流沿图 7-1-11 中虚线所示的路径流过 KM1 线圈，是正转接触器 KM1 不能可靠释放，可能起不到过载保护的作用。

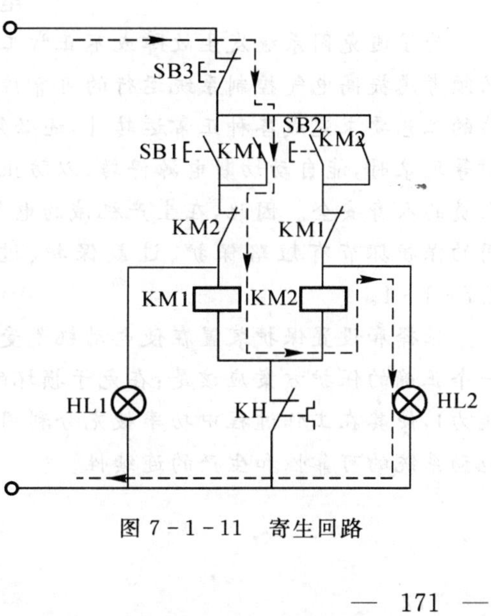

图 7-1-11 寄生回路

(8)保证控制线路工作可靠和安全。保证控制线路工作可靠,最主要的是选用可靠的电器元件,尽量选用机械和电气寿命长,结构合理、动作可靠、抗干扰性能好的电器。在线路中采用小容量继电器的触头断开和接通大容量或增加中间继电器,否则工作不可靠。

(9)线路应具有必要的保护环节。线路应具有必要的保护环节,保证即使在误操作情况下也不至于造成事故。一般应根据线路的需要选用过载、短路、过流、过压、失压、弱磁等保护环节,必要时还应考虑设置合闸、断开、事故、安全等指示信号。

提示

电动机的控制原则

对电动机控制的一般原则,归纳起来有以下几种:

(1)行程控制原则。根据生产机械运动部件的行程或位置,利用行程开关来控制电动机工作状态的原则称为行程控制原则。行程控制原则是生产机械电气自动化中应用最多和作用原理最简单的一种方式。如在课题四中学习的工作台自动往返控制线路就是行程原理控制的。该设计线路就用到了自动往返控制。

(2)时间控制原则。利用时间继电器按一定时间间隔来控制电动机工作状态的原则称为时间控制原则。如在电动机的降压启动过程中,利用时间继电器按一定的时间间隔改变线路的接线方式来自动完成电动机的各种控制要求。在这里,换接时间的控制信号由时间继电器发出,换接时间的长短则根据生产工艺要求或者电动机启动、制动和变速过程的持续时间来整定时间继电器的动作时间。该设计线路用到了时间控制,在工作台自动往返过程中应延时往返,给刀架抬起和放下的时间。

(3)速度控制原则。根据电动机的速度变化,利用速度继电器等电器来控制电动机工作状态的原则称为速度控制原则。反映速度变化的电器有多种,直接测量速度的电器有速度继电器、小型测速发电机;间接测量电动机速度的电器有电压继电器和频率继电器,对于直流电动机用其感应电动势来反映其速度,通过频率继电器来控制。

(4)电流控制原则。根据电动机主回路电流的大小,利用电流继电器来控制电动机工作的原则称为电流控制原则。

电动机的保护

为了避免因系统发生故障或不正常工作而引起事故,在电气控制系统的设计与运行中,都必须考虑提高电气控制系统运行的可靠性和安全性。例如,电动机在运行过程中,除按生产机械的工艺要求完成各种正常运转外,还必须在线路出现短路、过载、过电流、欠电压、失压及弱磁等现象时,能自动切断电源停转,以防止和避免电气设备和机械设备的损坏事故,保证操作人员的人身安全。因此,在生产机械的电气控制线路中,采取了对电动机的各种保护措施。常用的保护环节有短路保护、过载保护、过电流保护、过压保护、失压保护、断相保护等,见表7-1-1。

选择和设置保护装置在使电动机免受损坏的同时,还应使电动机得到充分的利用。因此,一个正确的保护方案应该是:在免于损坏的情况下使电动机充分发挥过载能力(即过载的承受能力),使其在工作过程中功率被充分利用,温升达到国家标准规定的数值,同时还能提高电力拖动系统的可靠性和生产的连续性。

表 7-1-1 电动机的保护

	故障危害	常用保护电器	工作原理
短路保护	线路出现短路现象时，会产生很大的短路电流，使电动机、电器及导线等电气设备严重损坏，甚至引发火灾	熔断器和低压断路器	熔断器的熔体与被保护的电路串联，当电路正常工作时，熔断器的熔体不起作用，相当于一根导线，其生面的压降很小，可忽略不计。当电路短路时很大的短路电流流过熔体，使熔体立即熔断，切断电动机电源，电动机停转。同样，若电路中接入低压断路器，当出现短路现象时，低压断路器会立即动作，切断电源使电动机停转
过载保护	电动机负载过大、启动操作频繁或缺相运行，会使电动机的工作电流长时间超过其额定电流，电动机绕组过热，温升超过其允许值，导致电动机的绝缘材料变脆，寿命缩短，严重时会使电动机损坏	热继电器	当电动机的工作电流等于额定电流时，热继电器不动作；当电动机短时过载或过载电流较小时，热继电器不动作，或经过较长时间才动作；当电动机过载电流较大时，串接在主电路中的热元件会在较短的时间内发热弯曲，使串接在控制回路中的常闭触头断开，先后切断控制电路和主电路的电源，使电动机停转
欠压保护	电动机欠压下运行，负载没有改变，欠压下电动机转速下降，定子绕组的电流增加。此时电流增加的幅度尚不足以使熔断器和热继电器动作，如长时间不采取措施，会使电动机过热损坏。欠压还会引起一些电器释放，使线路不能正常工作，可能危害人身安全或导致设备事故	接触器和电磁式电压继电器	大多数机床电气控制线路中，接触器兼有欠压保护功能，少数线路需专门装设电磁式电压继电器起欠压保护作用。一般当电网电压降低到额定电压的 85% 以下时，接触器（或电压继电器）线圈产生的电磁吸力将小于复位弹簧的拉力，动铁心被迫释放，其主触头和自锁触头同时断开，切断主电路和控制电路电源，使电动机停转
失压保护/零压保护	生产机械在工作时，由于某种原因导致电网突然停电后，电源电压下降为零，电动机停转，生产机械的运动部件也随之停止运转。一般情况下，操作人员不可能及时拉开电源开关，如不采取措施，当电源电压恢复正常时，电动机便会自行启动运转，很可能造成人身和设备事故，并引起电网过电流和瞬间网络下降	接触器和中间继电器	当电网停电时，接触器和中间继电器线圈中的电流消失，电磁吸力减小为零，动铁心释放，触头复位，切断了主电路和控制电路电源。当电网恢复供电时，若不重新按下启动按钮，则电动机就不会自行启动
过流保护	为了限制电动机的启动电流，在直流电动机的电枢绕组中或在交流绕线转子异步电动机的转子绕组中需要串入附加的限流电阻。如果在启动或制动时，附加电阻被短接，将会造成很大的启动或制动电流，使电动机或机械设备损坏	电磁式过电流继电器	当电动机电流值达到过电流继电器的动作值时，继电器动作，使串接在控制电路中的常闭触头断开，切断控制电路，电动机随之脱离电源停转，达到了过流保护的目的

续 表

	故障危害	常用保护电器	工作原理
弱磁保护	若直流电动机启动时电动机的励磁电流太小，产生的磁场太弱，将会使电动机的启动电流很大；若电动机在正常运转过程中，磁场突然减弱或消失，电动机的转速将迅速升高，甚至发生“飞车”	弱磁继电器（即欠电流继电器）	弱磁继电器串入励磁回路。在电动机启动运行过程中，当励磁电流值达到弱磁继电器的动作值时，继电器吸合，使串接在控制电路中的常开触头闭合，允许电动机启动或维持正常运转；当励磁电流减小很多或消失时，弱磁继电器释放，其常开触头断开，切断控制电路，接触器线圈失电，电动机断电停转

学习活动二　制订工作计划

学习过程

一、实施任务的设想或步骤

根据任务单讨论并列出任务实施步骤，并填入表 7－2－1 中。

表 7－2－1　实施任务步骤表

序　号	步　骤	备　注
1	实地勘测	
2		
3		
4		
5	任务施工	
6	资料的归档	

二、小组分工

根据实际情况进行任务分解并分工，并记录在表 7－2－2 中。

表 7－2－2　小组成员分工表

小组名			
序　号	组　员	分　工	备　注
1			
2			
3			
4			

三、计划任务完成时间

根据任务要求设置完成时间，见表 7－2－3。

表 7－2－3 计划任务完成时间表

任务	计划完成时间/min	实际完成时间	备 注
实地勘测	20		
设计控制线路	30		
列材料清单	20		
施工前准备	40		
板前配线	120		
线路调试	20		

学习活动三 施工前准备

学习过程

一、按要求设计绘制出控制原理图，并根据电动机型号规格列出材料清单

1. 设计并绘制龙门刨床工作台控制原理图

2. 列出所需元器件、工具、耗材清单

根据电动机的额定电流，结合设计原理图，计算并选择材料型号规格，填写入表 7－3－1 中。

表 7-3-1　材料清单表

序　号	类　别	名　称	符　号	数　量	型号规格	作　用
1	负载	三相异步电动机	M	1	Y132M-4，7.5kW，380V，15.4A，△接法，1440r/min	带动工作台运动
2	元器件					
3						
4						
5						
6						
7						
8						
9						
10						
11	耗材					
12						
13						
14						
15						
16						
17	工具仪表					
18						
19						
20						
21						
22						

二、劳保、安全措施准备

根据表 7-3-2 准备劳保用品，做好安全措施。

表 7-3-2　劳保、安全措施准备表

序　号	项　目	准备内容	是否具备
1	劳保	安全帽	
		工作服	
		绝缘鞋	

续表

序　号	项　目	准备内容	是否具备
2	安全措施	工作票填写	
		警示牌	
		接地线	

三、工具、元器件、耗材准备

按材料清单填写领料单(见表 7－3－3),并领出所需器件。

表 7－3－3　领　料　表

领料部门________　　　　　　　　　　　　　　　　No：

生产单号：　　　　　　　　　　　　　　　　　　年　　月　　日

序　号	品　名	型号规格	单　位	请领数量	实发数量	备　注

制单：　　　　　　审核：　　　　　　领料：　　　　　　发料：

学习活动四　学习任务实施

学习过程

一、工序及工期安排

工序及工期安排见表 7－4－1。

表 7－4－1　工序及工期安排表

序　号	工序工作内容	完成时间	备　注
1	工序一名称：器件检测		
2	工序二名称：器件安装		
3	工序三名称：板前配线		
4	工序四名称：线路调试		

二、任务实施

1. 实施工序一：器件检测

(1)检查、核对元器件的型号规格是否与表 7－3－1 相符。

(2)检测元器件好坏，并填写元器件检测报告表 7－4－2。

表 7－4－2　元器件检测报告表

序　号	元器件名称	检测数据	是否合格
1			
2			
3			
4			
5			
6			
7			
8			
9			

2. 实施工序二：器件安装

(1)绘制出元器件布置图并安装。

(2)元器件安装质量检测，并将检测结果填入元器件安装质量检测报告表 7－4－3 中。

表 7－4－3　元器件安装质量检测报告表

序　号	元器件名称	安装质量检测	是否合格
1			
2			
3			
4			
5			
6			
7			
8			
9			

3. 实施工序三：板前配线

(1)按设计原理图绘出接线图并板前配线。

(2)自检接线质量并将结果填入接线质量自检表 7－4－4 中。

表 7-4-4 接线质量自检表

序 号	检查项 目	检查内容	检查结果
1	布线工艺	接点是否有松动、漏铜过长、反圈现象	
		走线工艺是否符合要求，有无交叉现象	
		是否有损伤导线绝缘或线芯现象	
2	接线正确性	是否照原理图接线	

4. 实施工序四：线路调试

（1）通电前的准备。按表 7-4-5 进行通电试车前的准备，并将准备情况填写在记录表中。

表 7-4-5 通电前准备情况记录表

序 号	准备项 目	准备内容	是否合格
1	接线正确性	电源相序为正相序	
2	接地线连接	电动机、控制开关的金属外壳接地	
3	绝缘电阻检测	线路绝缘电阻检测值为 1MΩ	
4	电动机检测	电动机机械检查转子转动是否灵活	
		电动机电气检测定子绕组绝缘电阻不小于 0.5MΩ	
		电动机使用电源电压和接法必须与铭牌规定一致	

（2）按电工安全操作规程通电试车，操作步骤见表 7-4-6。

表 7-4-6 通电试车操作步骤表

序 号	应操作步骤	已操作	现象描述
1	连接电源线		电源引入准备
2	合上电源断路器		电源引入
3	合上控制线路断路器		配电板已具有三相电源
4	按下左行启动按钮		正转接触器线圈得电并自锁
5	观察电动机运行情况		电动机正转运行
6	碰撞左端限位行程开关		正转接触器线圈失电电动机断电停转
7	观察时间继电器运行情况		时间继电器线圈得电其触头按设定时间动作
8	松开左端限位行程开关		反转接触器线圈得电并自锁
9	观察电动机运行情况		电动机反转运行
10	碰撞右端限位行程开关		反转接触器线圈失电电动机断电停转
11	观察时间继电器运行情况		时间继电器线圈得电其触头按设定时间动作
12	松开右端限位行程开关		正转接触器线圈得电并自锁
13	观察电动机运行情况		电动机正转运行
14	按下停止按钮		正转接触器线圈失电电动机断电停转
15	断开控制线路断路器		切断配电板电源
16	断开电源断路器		切断电源
17	断开电源线		脱离电源线

(3)按 6S 管理要求清理现场。

三、任务完成评价

以小组为单位，展示小组设计安装成果。根据表 7－4－7 评分标准进行评分。

表 7－4－7　评分表

评价内容		分值	评分		
			自我评价	小组评价	教师评价
原理图设计	原理图设计	20			
	材料清单列置				
器件选测	器件型号规格选择正确	10			
	器件好坏检测正确				
器件安装	安装方法、步骤正确，符合工艺要求	10			
	元器件安装牢固、合理、整齐				
板前布线	按电路图正确接线	30			
	布线方法、步骤正确，符合工艺要求				
	布线横平竖直，整洁有序，接线紧固美观				
	电源和电动机按钮正确接到端子排上，并准确注明引出端子号				
	接点牢固、接头漏铜长度适中，无反圈、压绝缘层、标记号不清楚、遗漏或误标等问题				
	施工中导线绝缘层或线芯无损伤				
线路调试	主回路调试	20			
	控制回路调试				
	设备正常运转无故障或出现故障正确排除				
安全文明生产	遵守安全文明生产规程	10			
	施工完成后认真清理现场				
施工额定用时 240min　实际用时＿＿＿＿＿＿　超时扣分：					
合计					
实施综合评价等级 (D＜60 分　60＜C＜80　80＜B＜90　90＜A)					

学习活动五　评价与总结

学习过程

以小组形式，完成对学习过程的综合评价，对学习过程和实训成果进行汇报总结。

一、任务考核与评价

技能考核见表 7－5－1。

表 7－5－1　技能考核与评价标准

评分内容	配　分	评价标准	扣分情况	得　分
线路设计	40 分	线路设计满足控制要求，材料型号规格选择正确	1. 线路设计控制不能满足要求一处，扣 5 分； 2. 线路设计保护功能缺一项，扣 5 分； 3 元器件选择型号规格错一个，扣 5 分； 4. 材料漏选一个，扣 5 分	
挂件	20 分	安装元器件，符合工艺要求	1. 选择元器件及检查 5 分； 2. 元器件安装美观度 5 分； 3. 元器件安装可靠性 5 分； 4. 元器件安装合理性 5 分	
布线	20 分	布线整齐、美观，导线用量合理，符合工艺要求	1. 选线准确 2 分； 2. 布线交叉情况 3 分； 3. 接触良好 3 分； 4. 总体美观，用线量合理 10 分；	
安全试车	10 分	操作安全规范，对存在的故障能独立自行排除。	1. 存在故障找不出原因或不能排除的根据故障情况适当扣分； 2. 没有遵守安全操作规范通电试车的扣 10 分	
工时	10 分	按规定工时	每超过 15min 扣 2 分	
考核项　目	龙门刨床工作台控制线路设计安装			
小组分工	（分工时小组成员应轮换工序）			
考核			合计总分	
综合评价等级				
（D<60 分	60<C<80		80<B<90	90<A）

二、综合评价（知识、技能、素养）

根据课题完成过程中，学生的综合表现进行自我、小组、教师评价，并列于表 7－5－2 中。

表 7－5－2　综合评价表

评价项目	评价内容		评价标准	评价方式		
				自我评价	小组评价	教师评价
职业素养	过程化考核	安全意识、责任意识	A 作风严谨、自觉遵章守纪、出色完成工作任务； B 能够遵守规章制度、较好完成工作任务； C 遵守规章制度、没完成工作任务或完成工作任务、但忽视规章制度； D 不遵守规章制度、没完成工作任务			
		学习态度、主动性	A 积极参与教学活动，全勤； B 缺勤达本任务总学时的 10%； C 缺勤达本任务总学时的 20%； D 缺勤达本任务总学时的 30%			
		团队合作意识	A 与同学协作融洽、团队合作意识强； B 与同学能沟通、协同工作能力较强； C 与同学能沟通、协同工作能力一般； D 与同学沟通困难、协同工作能力较差			
职业技能		工序一评价	A 不仅自己熟练掌握技能要求，还能辅导他人； B 已熟练掌握技能要领，并完全达到要求； C 初步掌握技能要领，能独立操作但不熟练； D 正在学习技能与要求，但不能独立操作			
		工序二评价	A 不仅自己熟练掌握技能要求，还能辅导他人； B 已熟练掌握技能要领，并完全达到要求； C 初步掌握技能要领，能独立操作但不熟练； D 正在学习技能与要求，但不能独立操作			
		工序三评价	A 不仅自己熟练掌握技能要求，还能辅导他人； B 已熟练掌握技能要领，并完全达到要求； C 初步掌握技能要领，能独立操作但不熟练； D 正在学习技能与要求，但不能独立操作			
		工序四评价	A 不仅自己熟练掌握技能要求，还能辅导他人； B 已熟练掌握技能要领，并完全达到要求； C 初步掌握技能要领，能独立操作但不熟练； D 正在学习技能与要求，但不能独立操作			
	终结考核	知识与技能	A 评价成绩为 90～100 分； B 评价成绩为 75～89 分； C 评价成绩为 60～75 分； D 评价成绩为 0～60 分			

续表

评价项目	评价内容	评价标准		评价方式		
				自我评价	小组评价	教师评价
学生签名			综合评价等级			
综合评价建议						
指导教师			日期			

三、工作总结

1. 学生总结

以小组为单位，选择演示文稿、展板、海报、录像等形式中的一种或几种，向全班展示、汇报学习成果，并将交流记于表 7－5－3 中。

表 7－5－3　经验交流记录表

业务实施过程		持续改进、行动计划		学习与工作宝贵经验
提出人	过程记录	提出人	改进记录	经验记录

2. 教师点评与总结

本课题为综合训练课题，全面检验学生的基本线路设计能力、元器件选择能力

思考

设计用时间继电器自动切换两台电动机顺序启动，逆序停止控制线路。

附　录

维修电工国家职业标准

1. 职业概况

1.1 职业名称:维修电工。

1.2 职业定义

从事机械设备和电气系统线路及器件等的安装、调试与维护、修理的人员。

1.3 职业等级

本职业共设五个等级,分别为:初级(国家职业资格五级)、中级(国家职业资格四级)、高级(国家职业资格三级)、技师(国家职业资格二级)、高级技师(国家职业资格一级)。

1.4 职业环境:室内,室外。

1.5 职业能力特征

具有一定的学习、理解、观察、判断、推理和计算能力,手指、手臂灵活,动作协调,并能高空作业。

1.6 基本文化程度:初中毕业。

1.7 培训要求

1.7.1 培训期限

全日制职业学校教育,根据其培养目标和教学计划确定。晋级培训期限:初级不少于 500 标准学时;中级不少于 400 标准学时;高级不少于 300 标准学时;技师不少于 300 标准学时;高级技师不少于 200 标准学时。

1.7.2 培训教师

培训初、中、高级维修电工的教师应具有本职业技师以上职业资格证书或相关专业中、高级专业技术职务任职资格;培训技师和高级技师的教师应具有本职业高级技师职业资格证书 2 年以上或相关专业高级专业技术职务任职资格。

1.7.3 培训场地设备

标准教室及具备必要实验设备的实践场所和所需的测试仪表及工具。

1.8 鉴定要求

1.8.1 适用对象:从事或准备从事本职业的人员。

1.8.2 申报条件

——初级(具备以下条件之一者)

(1)经本职业初级正规培训达规定标准学时数,并取得毕(结)业证书。

(2)在本职业连续见习工作 3 年以上。

(3)本职业学徒期满。

——中级(具备以下条件之一者)

(1)取得本职业初级职业资格证书后,连续从事本职业工作 3 年以上,经本职业中级正规培训达规定标准学时数,并取得毕(结)业证书。

(2)取得本职业初级资格证书后,连续从事本职业工作 5 年以上。

(3)连续从事本职业工作 7 年以上。

(4)取得经劳动保障行政部门审核认定的、以中级技能为培养目标的中等以上职业学校本职业(专业)毕业证书。

——高级(具备以下条件之一者)

(1)取得本职业中级职业资格证书后,连续从事本职业工作 4 年以上,经本职业高级正规培训达规定标准学时数,并取得毕(结)业证书。

(2)取得本职业中级职业资格证书后,连续从事本职业工作 8 年以上。

(3)取得高级技工学校或经劳动保障行政部门审核认定的、以高级技能为培养目标的高等职业学校本职业(专业)毕业证书。

(4)取得本职业中级职业资格证书的大专以上本专业或相关专业毕业生,连续从事本职业工作 3 年以上。

——技师(具备以下条件之一者)

(1)取得本职业高级职业资格证书后,连续从事本职业工作 5 年以上,经本职业技师正规培训达规定标准学时数,并取得毕(结)业证书。

(2)取得本职业高级职业资格证书后,连续从事本职业工作 10 年以上。

(3)取得本职业高级职业资格证书的高级技工学校本职业(专业)毕业生和大专以上本专业或相关专业毕业生,连续从事本职业工作时间满 2 年。

——高级技师(具备以下条件之一者)

(1)取得本职业技师职业资格证书后,连续从事本职业工作 3 年以上,经本职业高级技师正规培训达规定标准学时数,并取得毕(结)业证书。

(2)取得本职业技师职业资格证书后,连续从事本职业工作 5 年以上。

1.8.3 鉴定方式

分为理论知识考试和技能操作考核。理论知识考试采用闭卷笔试方式,技能操作考核采用现场实际操作方式。理论知识考试和技能操作考核均实行百分制,成绩皆达 60 分以上者为合格。技师、高级技师鉴定还须进行综合评审。

1.8.4 考评人员与考生配比

理论知识考试考评人员与考生配比为 1:15,每个标准教室不少于 2 名考评人员;技能操作考核考评员与考生配比为 1:5,且少于 3 名考评员。

1.8.5 鉴定时间

理论知识考试时间为 120min;技能操作考核时间为:初级不少于 150min,中级不少于 150min,高级不少于 180min,技师不少于 200min,高级技师不少于 240min;论文答辩时间不少于 45min。

1.8.6 鉴定场所设备

理论知识考试在标准教室进行,技能操作考核应在具备每人一套的待修样件及相应的检修设备、实验设备和仪表的场所里进行。

2. 基本要求

2.1 职业道德

2.1.1 职业道德基本知识

2.1.2 职业守则

(1)遵守有关法律、法规和有关规定。

(2)爱岗敬业,具有高度的责任心。

(3)严格执行工作程序、工作规范、工艺文件和安全操作规程。

(4)工作认真负责,团结协作。

(5)爱护设备及工具、夹具、刀具、量具。

(6)着装整洁,符合规定;保持工作环境清洁有序,文明生产。

2.2 基础知识

2.2.1 电工基础知识

(1)直流电与电磁的基本知识。

(2)交流电路的基本知识。

(3)常用变压器与异步电动机。

(4)常用低压电器。

(5)半导体二极管、晶体三级管和整流稳压电路。

(6)晶闸管基础知识。

(7)电工读图的基本知识。

(8)一般生产设备的基本电气控制线路。

(9)常用电工材料。

(10)常用工具(包括专用工具)、量具和仪表。

(11)供电和用电的一般知识。

(12)防护及登高用具等使用知识。

2.2.2 钳工基础知识

(1)锯削:①手锯。②锯削方法。

(2)锉削:①锉刀。②锉削方法。

(3)钻孔:①钻头简介。②钻头刃磨。

(4)手工加工螺纹:①内螺纹的加工工具与加工方法。②外螺纹的加工工具与加工方法。

(5)电动机的拆装知识:①电动机常用轴承种类简介。②电动机常用轴承的拆卸。③电动机拆装方法。

2.2.3 安全文明生产与环境保护知识

(1)现场文明生产要求。

(2)环境保护知识。

(3)安全操作知识。

2.2.4 质量管理知识

(1)企业的质量方针。

(2)岗位的质量要求。

(3)岗位的质量保证措施与责任。

2.2.5 相关法律、法规知识

(1)劳动法相关知识。

(2)合同法相关知识。

3.工作要求

本标准对初级、中级、高级、技师、高级技师的技能要求依次递进,高级别包括低级别的要求。

3.1 初级,见表附1。

3.2 中级,见表附2。

3.3 高级,见表附3。

3.4 技师,见表附4。

3.5 高级技师,见表附5。

4.比重表

4.1 理论知识,见表附6。

4.2 技能操作,见表附7。

表附1

职业功能	工作内容	技能要求	相关知识
一、工作前准备	(一)劳动保护与安全文明生产	1.能够正确准备个人劳动保护用品 2.能够正确采用安全措施保护自己,保证工作安全	
	(二)工具、量具及仪器、仪表	能够根据工作内容合理选用工具、量具	常用工具、量具的用途和使用、维护方法
	(三)材料选用	能够根据工作内容正确选用材料	电工常用材料的种类、性能及用途
	(四)读图与分析	能够读懂CA6 140车床、Z535钻床、5t以下起重机等一般复杂程度机械设备的电气控制原理图及接线图	一般复杂程度机械设备的电气控制原理图、接线图的读图知识
二、装调与维修	(一)电气故障检修	1.能够检查、排除动力和照明线路及接地系统的电气故障 2.能够检查、排除CA6 140车床、Z535钻床等一般复杂程度机械设备的电气故障 3.能够拆卸、检查、修复、装配、测试30kW以下三相异步电动机和小型变压器 4.能够检查、修复、测试常用低压电器	1.动力、照明线路及接地系统的知识 2.常见机械设备电气故障的检查、排除方法及维修工艺 3.三相异步电动机和小型变压器的拆装方法及应用知识 4.常用低压电器的检修及调试方法

续 表

职业功能	工作内容	技能要求	相关知识
二、装调与维修	(二)配线与安装	1. 能够进行 19/0.82 以下多股铜导线的连接并恢复其绝缘 2. 能够进行直径 19mm 以下的电线铁管煨弯、穿线等明、暗线的安装 3. 能够根据用电设备的性质和容量，选择常用电器元件及导线规格 4. 能够按图样要求进行一般复杂程度机械设备的主、控线路配电板的配线及整机的电气安装工作 5. 能够检验、调整速度继电器、温度继电器、压力继电器、热继电器等专用继电器 6. 能够焊接、安装、测试单相整流稳压电路和简单的放大电路	1. 电工操作技术与工艺知识机床配线、安装工艺知识 2. 机床配线、安装工艺知识 3. 电子电路基本原理及应用知识 4. 电子电路焊接、安装、测试工艺方法
	(三)调试	能够正确进行 CA6 140 车床、Z535 钻床等一般复杂程度的机械设备或一般电路的试通电工作，能够合理应用预防和保护措施，达到控制要求，并记录相应的电参数	1. 电气系统的一般调试方法和步骤 2. 试验记录的基本知识

表附 2

职业功能	工作内容	技能要求	相关知识
一、工作前准备	(一)工具、量具及仪器、仪表	能够根据工作内容正确选用仪器、仪表	常用电工仪器、仪表的种类、特点及适用范围
	(二)读图与分析	能够读懂 X62W 铣床、MGB1420 磨床等较复杂机械设备的电气控制原理图	1. 常用较复杂机械设备的电气控制线路图 2. 较复杂电气图的读图方法
二、装调与维修	(一)电气故障检修	1. 能够正确使用示波器、电桥、晶体管图示仪 2. 能够正确分析、检修、排除 55 kW 以下的交流异步电动机、60 kW 以下的直流电动机及各种特种电机的故障 3. 能够正确分析、检修、排除交磁电机扩大机、X62W 铣床、MGB1420 磨床等机械设备控制系统的电路及电气故障	1. 示波器、电桥、晶体管图示仪的使用方法及注意事项 2. 直流电动机及各种特种电机的构造、工作原理和使用与拆装方法 3. 交磁电机扩大机的构造、原理、使用方法及控制电路方面的知识 4. 单相晶闸管交流技术

续 表

职业功能	工作内容	技能要求	相关知识
二、装调与维修	（二）配线与安装	1. 能够按图样要求进行较复杂机械设备的主、控线路配电板的配线（包括选择电器元件、导线等），以及整台设备的电气安装工作 2. 能够按图样要求焊接晶闸管调速器、调功器电路，并用仪器、仪表进行测试	明、间电线及电器元件的选用知识
	（三）测绘	能够测绘一般复杂程度机械设备的电气部分	电气测绘基本方法
	（四）调试	能够独立进行 X62W 铣床、MGB1420 磨床等较复杂机械设备的通电工作，并能正确处理调试中出现的问题，经过测试、调整，最后达到控制要求	较复杂机械设备电气控制调试方法

表附 3

职业功能	工作内容	技能要求	相关知识
一、工作前准备	读图与分析	能够读懂经济型数控系统、中高频电源、三相晶闸控制系统等复杂机械设备控制系统和装置的电气控制原理图	1. 数控系统基本原理 2. 中高频电源电路基本原理
二、装调与维修	（一）电气故障检修	能够根据设备资料，排除 B 2010A 龙门刨床、经济型数控、中高频电源、三相晶闸管、可编程序控制器等机械设备控制系统及装置的电气故障	1. 电力拖动及自动控制原理基本知识及应用知识 2. 经济型数控机床的构成、特点及应用知识 3. 中高频炉或淬火设备的工作特点及注意事项 4. 三相晶闸管变流技术基础
	（二）配线与安装	能够按图样要求安装带有 80 点以下开关量输入输出的可编程序控制器的设备	可编程序控制器的、控制原理、特点、注意事项及编程器的使用方法
	（三）测绘	1. 能够测绘 X62W 铣床等较复杂机械设备的电气原理图、接线图及电气元件明细表 2. 能够测绘晶闸管触发电路等电子线路并绘出其原理图 3. 能够测绘固定板、支架、轴、套、联轴器等机电装置的零件图及简单装配图	1. 常用电子元器件的参数标识及常用单元电路 2. 机械制图及公差配合知识 3. 材料知识

续表

职业功能	工作内容	技能要求	相关知识
二、装调与维修	(四)调试	能够调试经济型数控系统等复杂机械设备及装置的电气控制系统,并达到说明书的电气技术要求	有关机械设备电气控制系统的说明书及相关技术资料
	(五)新技术应用	能够结合生产应用可编程序控制器改造较简单的继电器控制系统,编制逻辑运算程序,绘出相应的电路图,并应用于生产	1. 逻辑代数、编码器、寄存器、触发器等数字电路的基本知识 2. 计算机基本知识
	(六)工艺编制	能够编制一般机械设备的电气修理工艺	电气设备修理工艺知识及其编制方法
三、培训指导	指导操作	能够指导本职业初、中级工进行实际操作	指导操作的基本方法

表附 4

职业功能	工作内容	技能要求	相关知识
一、工作前准备	读图与分析	1. 能够读懂复杂设备及数控设备的电气系统原理图 2. 能够借助词典读懂进口设备相关外文标牌及使用规范的内容	1. 复杂设备及数控设备的读图方法 2. 常用标牌及使用规范英汉对照表
二、装调与维修	(一)电气故障检修	1. 能够根据设备资料,排除龙门刨 V5 系统、数控系统等复杂机械设备的电气故障 2. 能够根据设备资料,排除复杂机械设备的气控系统、液控系统的电气故障	1. 数控设备的结构、应用及编程知识 2. 气控系统、液控系统的基本原理及识图、分析及排除故障的方法
	(二)配线与安装	能够安装大型复杂机械设备的电气系统和电气设备	具有可频器及可编程序控制器等复杂设备电气系统的配线与安装知识
	(三)测绘	1. 能够测绘经济型数控机床等复杂机械设备的电气原理图、接线图 2. 能够测绘具有双面印刷线路的电子线路板,并绘出其原理图	1. 常用电子元器件、集成电器的功能,常用电路,以及手册的查阅方法 2. 机械传动、液压传动知识
	(四)调试	能够调试龙门刨 V5 系统等复杂机械设备的电气控制系统,并达到说明书的电气控制要求	1. 计算机的接口电路基本知识 2. 常用传感器的基本知识
	(五)新技术应用	能够推广、应用国内相关职业的新工艺、新技术、新材料、新设备	

续 表

职业功能	工作内容	技能要求	相关知识
二、装调与维修	(六)工艺编制	能够编制生产设备的电气系统及电气设备的大修工艺	机械设备电气系统及电气设备大修工艺的编制方法
	(七)设计	能够根据一般复杂程度的生产工艺要求，设计电气原理图、电气接线图	电气设计基本方法
三、培训指导	(一)指导操作	能够指导本职业初、中、高级工进行实际操作	培训教学基本方法
	(二)理论培训	能够讲授本专业技术理论知识	
四、管理	(一)质量管理	1. 能够在本职工作中认真贯彻各项质量标准 2. 能够应用全面质量管理知识，实际操作过程的质量分析与控制	1. 相关质量标准 2. 质量分析与控制方法
	(二)生产管理	1. 能够组织有关人员协同作业 2. 能够协助部门领导进行生产计划、调度及人员的管理	生产管理基本知识

表附 5

职业功能	工作内容	技能要求	相关知识
一、工作前准备	读图与分析	1. 能够读懂高速、精密设备及数控设备的电气系统原理图 2. 能够借助词典读懂进口设备的图样及技术标准等相关主要外文资料	1. 高速、精密设备及数控设备的读图方法 2. 常用进口设备外文资料英汉对照表
二、装调与维修	(一)电气故障检修	1. 能够解决复杂设备电气故障中的疑难问题 2. 能够组织人员对设备的技术难点进行攻关 3. 能够协同各方面人员解决生产中出现的诸如设备与工艺、机械与电气、技术与管理等综合性的或边缘性的问题	1. 机械原理基本知识 2. 电气检测基本知识 3. 论断技术基本知识
	(二)测绘	能够对复杂设备的电气测绘制定整套方案和步骤，并指导相关人员实施	常见各种复杂电气的系统构成，各子系统或功能模块常见电路的组成形式、原理、性能和应用知识

续表

职业功能	工作内容	技能要求	相关知识
二、装调与维修	(三)调试	能够对电气调试中出现的各种疑难问题或意外情况提出解决问题的方案或措施	抗干扰技术一般知识
	(四)新技术应用	能够推广、应用国内外相关职业的新工艺、新技术、新材料、新设备	国内外“四新”技术的应用知识
	(五)工艺编制	能够制定计算机数控系统的检修工艺	计算机数控系统、伺服系统、功率电子器件和电路的基本知识电路的基本知识及修理工艺知识
	(六)设计	1.能够根据较复杂的生产工艺及安全要求,独立设计电气原理图、电气接线图、电气施工图 2.能够进行复杂设备系统改造方案的设计、选型	1.较复杂生产设备电气设计的基本知识 2.复杂设备系统改造方案设计、选型的基本知识
三、培训指导	(一)指导操作	能够指导本职业初、中、高级工和技师进行实际操作	培训讲义的编制方法
	(二)理论培训	能够对本职业初、中、高级工进行技术理论培训	

表附6

项目			五级(%)	四级(%)	三级(%)	二级(%)	一级(%)
基本要求	职业道德		5	5	5	5	5
	基础知识		22	17	14	10	10
相关知识	一、工作前准备	劳动保护与安全文明生产	8	5	5	3	2
		工具、量具及仪器、仪表	4	5	4	3	2
		材料选用	5	3	3	2	2
		读图与分析	9	10	10	6	5
	二、装调与维修	电气故障检修	15	17	18	13	10
		配线与安装	20	22	18	5	3
		调试	12	13	13	10	7
		测绘	—	3	4	10	12
		新技术应用	—	—	2	9	12
		工艺编制	—	—	2	5	8
		设计	—	—	—	9	12
	三、培训指导	指导操作	—	—	2	2	2
		理论培训	—	—	—	2	2
	四、管理	质量管理	—	—	—	3	3
		生产管理	—	—	—	3	3
合计			100	100	100	100	100

表附 7

项　目			五级(%)	四级(%)	三级(%)	二级(%)	一级(%)
技能要求	一、工作前准备	劳动保护与安全文明生产	10	5	5	5	5
		工具、量具及仪器、仪表	5	10	8	2	2
		材料选用	10	5	2	2	2
		读图与分析	10	10	10	7	7
	二、装调与维修	电气故障检修	25	26	25	15	8
		配线与安装	25	24	15	2	2
		调试	15	18	19	10	5
		测绘	—	2	7	10	9
		新技术应用	—	—	3	13	20
		工艺编制	—	—	4	8	10
		设计	—	—	—	13	16
	三、培训指导	指导操作	—	—	2	2	4
		理论培训	—	—	—	2	4
	四、管理	质量管理	—	—	—	3	3
		生产管理	—	—	—	3	3
合　计			100	100	100	100	100

注:四级以上“劳动保护与安全文明生产”与“材料选用”模块内容按五级标准考核;三级以上“工具量具及仪器、仪表”模块内容按四级标准考核;一级“管理”模块内容按二级标准考核。